POMOLOGIE GÉNÉRALE

PAR A. MAS

SUITE DE LA PUBLICATION PÉRIODIQUE

LE VERGER

ONZIÈME VOLUME

CERISES, FRAMBOISES, GROSEILLES, CASSIS, ABRICOTS

CONTENANT UN SUPPLÉMENT DE NOTES DESCRIPTIVES

BOURG (AIN)
CHEZ Mme ALPHONSE MAS
Rue Lalande, 20

PARIS
LIBRAIRIE DE G. MASSON
Boulevard St-Germain, 120

1882

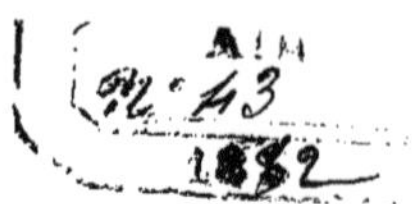

POMOLOGIE GÉNÉRALE

CERISES, FRAMBOISES, GROSEILLES, CASSIS, ABRICOTS

TOME ONZIÈME

Bourg, Imprimerie Authier et Barbier.

POMOLOGIE GÉNÉRALE

PAR A. MAS

SUITE DE LA PUBLICATION PÉRIODIQUE

LE VERGER

ONZIÈME VOLUME

CERISES, FRAMBOISES, GROSEILLES, CASSIS, ABRICOTS

CONTENANT UN SUPPLÉMENT DE NOTES DESCRIPTIVES

BOURG (AIN)
CHEZ Mme ALPHONSE MAS
Rue Lalande, 20

PARIS
LIBRAIRIE DE G. MASSON
Boulevard St-Germain, 120

1882

POMOLOGIE GÉNÉRALE

BIGARREAU REVERCHON

(BIGARREAU *)

[N° 1]

Congrès pomologique de France.
The Fruits and the fruit-trees of America. DOWNING.
Revue horticole. 1870. THOMAS.

OBSERVATIONS. — Ce Bigarreau a été introduit d'Italie dans le Lyonnais par M. Paul Reverchon. — L'arbre, d'une bonne vigueur, forme une tête sphérique-élargie. Variété à multiplier dans le verger. Sa fertilité est assez peu précoce, mais elle devient bonne par la suite. Son fruit, par la consistance de sa chair, par sa belle apparence et sa qualité, convient bien à la culture de spéculation.

DESCRIPTION.

Rameaux forts, finement anguleux dans leur contour, droits, à entre-nœuds courts, d'un brun jaunâtre à l'ombre, d'un brun rougeâtre peu foncé et en partie voilé d'une pellicule gris-de-plomb du côté du soleil ; lenticelles blanchâtres, petites, rares et peu apparentes.

Boutons à bois moyens, conico-ovoïdes, bien aigus, à direction écartée du rameau, soutenus sur des supports un peu saillants dont les côtés se prolongent finement et distinctement ; écailles d'un marron rougeâtre peu foncé et peu brillant.

Pousses d'été d'un vert clair et vif, à peine lavées de rouge du côté du soleil, glabres et bien glutineuses à leur sommet.

* Afin de fixer le lecteur sur la valeur des noms des différentes variétés de Cerises, je m'arrêterai, comme dans le *Verger*, à la classification de leur fruit la plus généralement adoptée. J'appellerai *Guignes* les cerises dont la chair est tendre et molle, et dont le jus souvent coloré est doux et sucré ; *Bigarreaux* celles dont la chair est ferme et croquante et dont le jus incolore ou peu coloré est doux ou sucré ; *Cerises*, celles dont la chair est tendre et transparente et dont le jus est incolore ou presque incolore et sucré-acidulé ; *Griottes*, celles dont la chair est plus ou moins tendre et dont le jus est sensiblement coloré, décidément acide et même quelquefois un peu astringent et mêlé d'une légère amertume.

Feuilles des pousses d'été obovales-allongées et étroites, souvent bien sensiblement atténuées vers le pétiole, se terminant très-peu brusquement en une pointe longue, à peine concaves, souvent planes ou presque planes, bordées de dents souvent très-espacées, larges, surdentées, profondes et un peu aiguës, assez peu soutenues sur des pétioles de moyenne longueur, un peu forts, un peu souples, d'un rouge violet et munis de deux glandes, tantôt globuleuses, tantôt réniformes et d'un rouge groseille.

Stipules de moyenne longueur, un peu fortes, dentées et élargies en une oreillette à leur base.

Boutons à fruit ovoïdes, bien aigus, réunis bien nombreux en bouquets très-serrés sur des dards extraordinairement courts et un peu forts; écailles d'un marron rougeâtre peu foncé et peu brillant.

Fleurs grandes; pétales obovales bien élargis et peu profondément échancrés à leur sommet, peu concaves, se recouvrant bien entre eux; divisions du calice assez courtes et bien aiguës; pédicelles assez courts et de moyenne force.

Feuilles des productions fruitières moyennes, obovales-allongées et très-sensiblement atténuées vers le pétiole, se terminant brusquement en une pointe courte et finement aiguë, un peu concaves, bordées de dents fines, peu profondes, couchées et assez aiguës, assez peu soutenues sur des pétioles de moyenne longueur, grêles et un peu souples.

Caractère saillant de l'arbre : teinte générale du feuillage d'un vert gai et un peu brillant ; feuilles des pousses d'été très-largement dentées; toutes les feuilles allongées et plus ou moins étroites.

Fruit gros ou très-gros, cordiforme-obtus et bien élargi, largement tronqué et échancré du côté de la queue, s'atténuant assez sensiblement et largement obtus vers le point pistillaire, largement convexe par ses joues, un peu comprimé et largement sillonné sur une de ses faces, largement convexe par la face opposée traversée par une ligne de suture très-apparente par sa couleur plus foncée surtout avant l'entière maturité.

Peau ferme, d'abord d'un pourpre clair et vif, à travers lequel apparaît, par des stries bien distinctes, le jaune fondamental qui lui donne un ton un peu ambré. A la maturité, **milieu de juin**, le pourpre devient plus intense en restant toujours brillant et passe jusqu'au pourpre brun sur les fruits bien exposés. Point pistillaire brun, un peu saillant à l'extrémité de la ligne de suture et accompagné d'une petite dépression du côté du sillon.

Queue courte, forte, attachée dans une cavité large, profonde, évasée par ses bords qui s'abaissent du côté du sillon et se relèvent à peine du côté de la ligne de suture.

Chair d'un blanc jaunâtre, bien ferme, croquante, abondante en jus incolore, sucré, agréablement acidulé et relevé, constituant un fruit de bonne qualité.

Noyau petit pour le volume du fruit, irrégulièrement ovoïde, bien obliquement coupé à son point d'attache à la queue, un peu tronqué à son autre extrémité, à joues peu bombées et sensiblement plissées vers l'arête dorsale; suture ventrale un peu saillante; arête dorsale peu épaisse et bien saillante vers le point d'attache, bien épaisse et peu saillante sur le reste de sa longueur, largement sillonnée et accompagnée de rainures latérales bien creusées seulement du côté de la pointe.

RIVAL

(BIGARREAU)

[N° 2]

The Fruit Manual. Robert Hogg.
The Fruits and the fruit-trees of America. Downing.
RIVALS KIRSCHE. *Illustrirtes Handbuch der Obstkunde.* Oberdieck.

Observations. — D'après Downing, originaire d'Angleterre. — L'arbre, de vigueur normale, forme une tête élevée et un peu élargie. Variété à multiplier dans le verger. Elle est rustique et sa fertilité est précoce et bonne. Son fruit tardif, d'assez beau volume, bien constitué pour résister au transport, convient à la culture de spéculation.

DESCRIPTION.

Rameaux de moyenne force, obscurément anguleux dans leur contour, droits, à entre-nœuds alternativement courts et très-courts, d'un rouge jaunâtre clair et un peu voilé d'une pellicule mince.

Boutons à bois assez gros, conico-ovoïdes, obtus ou émoussés, à direction écartée du rameau, soutenus sur des supports peu saillants dont les côtés et l'arête médiane se prolongent très-peu distinctement; écailles d'un marron rougeâtre peu foncé et brillant.

Pousses d'été d'un vert pâle, à peine teintées de rouge du côté du soleil et à peine glutineuses à leur sommet.

Feuilles des pousses d'été moyennes, ovales-lancéolées, s'atténuant en une pointe longue, à peine creusées en gouttière ou à peine repliées sur leur nervure médiane, bordées de dents larges, profondes, surdentées et émoussées, mollement soutenues sur des pétioles courts, assez grêles, lavés de rouge, peu duveteux, bien souples et munis de deux glandes réniformes d'un rouge peu foncé.

Stipules courtes, bien fines, élargies à leur base en une oreillette finement laciniée.

Boutons à fruit moyens, ovo-ellipsoïdes, peu aigus, réunis assez nombreux sur des dards assez courts et assez forts ; écailles d'un marron clair et un peu brillant.

Fleurs petites ; pétales ovales, assez étroits, profondément et étroitement échancrés à leur sommet, presque planes ; divisions du calice très-courtes et bien obtuses ; pédicelles de moyenne longueur et très-grêles.

Feuilles des productions fruitières assez petites, ovales-lancéolées, un peu plus élargies que celles des pousses d'été, se terminant presque régulièrement en une pointe moins longue, très-largement creusées en gouttière et un peu arquées, bordées de dents très-larges, très-profondes, surdentées et obtuses, très-mollement soutenues sur des pétioles courts, grêles et très-souples.

Caractère saillant de l'arbre : teinte générale du feuillage d'un vert pré peu foncé et bien mat ; serrature des feuilles des productions fruitières remarquable par ses dents extraordinairement larges et profondes ; tous les pétioles courts et bien souples.

Fruit moyen, presque ellipsoïde, s'atténuant presque également à ses deux extrémités, un peu échancré, soit du côté de la queue, soit du côté du point pistillaire, à joues très-largement convexes, largement convexe par une de ses faces, bien comprimé par la face opposée traversée par une ligne de suture d'abord apparente par sa couleur et souvent parcourant le fond d'un sillon bien creusé surtout vers le point pistillaire.

Peau un peu ferme, d'abord d'un jaune marbré de rouge, puis passant au rouge uniforme, et à l'entière maturité, **fin de juillet et commencement d'août**, au rouge brun très-intense, parfois presque noir. Point pistillaire petit, placé dans une dépression peu profonde et le plus souvent profondément pénétrée dans ses bords par l'entrée de la ligne de suture.

Queue assez courte, grêle, attachée dans une cavité étroite, peu profonde, dont les bords s'abaissent sensiblement du côté de la ligne de suture et sont presque de niveau du côté opposé.

Chair rougeâtre, assez ferme, croquante, abondante en jus sucré, agréable, constituant un fruit de bonne qualité et surtout pour l'époque de sa maturité.

Noyau proportionné au volume du fruit, un peu obovoïde, bien atténué et à peine tronqué à son point d'attache à la queue, moins atténué et un peu obtus du côté de sa pointe, à joues peu bombées, un peu plissées vers le point d'attache et vers l'arête dorsale ; suture ventrale finement saillante ; arête dorsale peu épaisse, peu saillante, finement sillonnée, accompagnée de rainures latérales assez étroites et un peu creusées surtout du côté de la pointe.

DE L'ONCE

(BIGARREAU)

[N° 3]

Catalogue Simon-Louis frères, de Metz.

Observations. — Peut-être obtenue dans les environs de Nice. MM. Simon-Louis ont reçu cette superbe variété de M. le marquis de Châteauneuf, qui la leur adressa de Nice où elle est connue et estimée depuis longtemps. Il serait intéressant de connaître quel fut le motif du nom assez curieux qu'elle porte. Le fruit, par son apparence extérieure et par sa forme, se rapproche du Bigarreau Napoléon, mais sa chair est sensiblement plus ferme et son volume ordinairement plus développé. — L'arbre, d'une grande vigueur, forme une tête pyramidale-déprimée, peu compacte et s'étendant au loin. Variété bien à multiplier dans le verger. Elle est rustique, d'une fertilité précoce et grande. Son fruit convient très-bien à la culture de spéculation par son beau volume, sa jolie apparence et la consistance de sa chair résistant bien au transport.

DESCRIPTION.

Rameaux forts, unis dans leur contour, à peine coudés à leurs entre-nœuds longs et inégaux entre eux, d'un brun rougeâtre clair, entièrement recouverts du côté du soleil d'une pellicule épaisse et d'un gris jaunâtre.

Boutons à bois gros, coniques-allongés et obtus, à direction bien écartée du rameau, soutenus sur des supports peu saillants dont les côtés et l'arête médiane ne se prolongent pas; écailles d'un beau marron brillant.

Pousses d'été d'un vert très-clair à l'ombre et légèrement brunies du côté du soleil.

Feuilles des pousses d'été très-grandes, ovales-lancéolées, très-allongées, s'atténuant lentement et plus ou moins régulièrement en une pointe très longue, peu repliées sur leur nervure médiane et parfois un peu ondulées dans leur contour, bordées de dents très-larges, très-profondes, surdentées et aiguës, mal soutenues sur des pétioles un peu longs, de moyenne force, d'un rouge lie de vin, souples et munis de très-grosses glandes réniformes d'un rouge groseille.

Stipules courtes et fines, élargies à leur base en une oreillette profondément laciniée.

Boutons à fruit moyens, ellipsoïdes, obtus, réunis sur des dards courts et forts; écailles d'un marron clair.

Fleurs moyennes; pétales bien élargis, peu échancrés à leur sommet; divisions du calice larges et bien obtuses; pédicelles très-longs et grêles.

Feuilles des productions fruitières bien moins grandes que celles des pousses d'été, obovales, se terminant très-brusquement en une pointe peu longue et fine, concaves et un peu ondulées, bordées de dents profondes, couchées et aiguës, retombant sur des pétioles longs, peu forts et bien souples.

Caractère saillant de l'arbre : longueur remarquable des feuilles des pousses d'été et des pétioles des feuilles des productions fruitières; toutes les feuilles profondément dentées.

Fruit gros ou très-gros, exactement cordiforme, tronqué et bien échancré du côté de la queue, obtus à son autre extrémité, très-largement convexe par ses joues, convexe-comprimé par ses faces dont l'une est traversée par un sillon peu prononcé et l'autre par une ligne de suture bien distincte par sa couleur plus foncée.

Peau un peu ferme, d'abord d'un blanc jaunâtre, puis, à la maturité, **milieu et fin de juin**, se couvrant du côté du soleil d'un rouge cerise clair et vif qui décroît en un pointillé très-fin sur les parties moins éclairées, tandis que les parties entièrement à l'ombre restent d'un jaune très-clair. Point pistillaire brun, placé un peu en dehors de l'axe du fruit dans une petite cavité dont les bords se relèvent un peu plus d'un côté que de l'autre.

Queue très-longue, grêle, attachée dans une cavité large, profonde et dont les bords s'abaissent bien du côté du sillon et se relèvent à peine du côté de la ligne de suture.

Chair assez blanche, ferme, croquante, abondante en jus incolore, sucré, relevé d'une saveur rafraîchissante, constituant un fruit de bonne qualité.

Noyau assez gros pour le volume du fruit, presque exactement ovoïde, tronqué à son point d'attache à la queue et se terminant en une pointe très-courte à son autre extrémité, à joues peu bombées et plissées obliquement du côté de l'arête dorsale; suture ventrale à peine un peu saillante vers le point d'attache; arête dorsale très-épaisse, très-peu saillante et aplanie, à peine sillonnée, accompagnée de rainures latérales peu prononcées.

GUIGNE COURTE-QUEUE D'OULLINS[1]

(GUIGNE)

[N° 4]

Les meilleurs Fruits. DE MORTILLET.

OBSERVATIONS. — Cette variété a été obtenue à Oullins, près Lyon. — L'arbre, d'une grande vigueur, forme une tête élevée et peu compacte, dont les branches fortes et érigées se subdivisent peu. Variété bien à multiplier dans le verger. Elle est rustique, d'une fertilité précoce et grande. Son fruit résistant bien au transport convient très-bien à la culture de spéculation, et son mérite se complète d'une maturité hâtive et d'une excellente qualité pour la saison.

DESCRIPTION.

Rameaux bien forts, unis dans leur contour, bien droits, à entre-nœuds de moyenne longueur ou assez longs, d'un rouge clair en partie voilé d'une pellicule très-mince du côté du soleil, plus épaisse et fendillée du côté de l'ombre.

Boutons à bois moyens, conico-ovoïdes, un peu allongés et peu aigus, à direction écartée du rameau, soutenus sur des supports peu saillants dont les côtés et l'arête médiane ne se prolongent pas; écailles d'un marron rougeâtre clair et brillant.

Pousses d'été bien lavées de rouge sur presque toute leur longueur, glutineuses et portant quelques poils épars à leur sommet.

Feuilles des pousses d'été grandes, ovales-allongées, s'atténuant en une pointe longue et étroite, repliées sur leur nervure médiane ou creusées en gouttière, bordées de dents larges, profondes, surdentées et peu aiguës,

(1) J'ai reçu cette variété aussi sous le nom de Court-Picou hâtif. C'est peut-être le nom qu'elle porte dans son lieu d'origine.

s'abaissant sur des pétioles longs, bien forts et cependant un peu souples, colorés d'un rouge vineux intense et munis de deux grosses glandes réniformes d'un rouge groseille.

Stipules de moyenne longueur, bien élargies à leur base en une oreillette largement dentée.

Boutons à fruit moyens, ovo-ellipsoïdes, peu aigus ou émoussés, réunis en bouquets peu serrés sur des dards assez courts et forts; écailles d'un marron rougeâtre bien clair et un peu brillant.

Fleurs moyennes, jamais très-ouvertes; pétales étroits, minces, allongés, un peu repliés en gouttière; divisions du calice longues et obtuses; pédicelles forts et très-courts.

Feuilles des productions fruitières moins longues, plus élargies que celles des pousses d'été, régulièrement ovales, se terminant un peu brusquement en une pointe longue et étroite, un peu concaves, très-largement ondulées dans leur contour, bordées de dents moins larges, moins profondes, plus aiguës que celles des feuilles des pousses d'été et le plus souvent simples, mollement soutenues sur des pétioles longs, un peu forts et cependant bien souples.

Caractère saillant de l'arbre : teinte générale du feuillage d'un beau vert intense et brillant et les plus jeunes feuilles bien lavées de rouge bronzé; aspect général de grande vigueur.

Fruit assez petit, cordiforme-obtus, peu élargi, tronqué ou arrondi et non échancré du côté de la queue, obtus ou un peu tronqué du côté du point pistillaire, à peine convexe par ses joues, convexe un peu comprimé par une de ses faces, tandis que la face opposée est traversée sur sa hauteur par une arête saillante portant la ligne de suture.

Peau un peu épaisse et ferme, d'abord d'un pourpre intense, puis passant à la maturité, **milieu de juin,** au noir violet. Point pistillaire très-petit, peu appréciable, un peu creusé dans la pointe du fruit ou rarement un peu saillant.

Queue courte, un peu forte, d'un vert bien vif, attachée dans une cavité très-étroite, très-peu profonde, dont les bords ordinairement sont aussi parfois un peu relevés par le prolongement de l'arête portant la ligne de suture.

Chair rougeâtre, assez tendre et cependant succulente, suffisante en jus colorant, bien sucré et relevé, constituant un fruit de première qualité.

Noyau gros pour le volume du fruit, ovoïde un peu allongé, obliquement tronqué sur une petite étendue à son point d'attache à la queue, s'atténuant assez sensiblement pour se terminer à son autre extrémité en une petite pointe peu saillante, à joues peu bombées et unies dans leur surface; suture ventrale un peu saillante et tranchante; arête dorsale peu épaisse, peu saillante, sillonnée et accompagnée de rainures latérales peu larges et peu creusées.

1

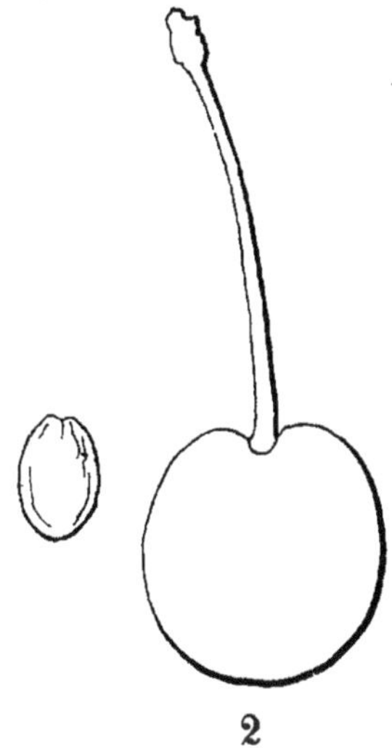

2

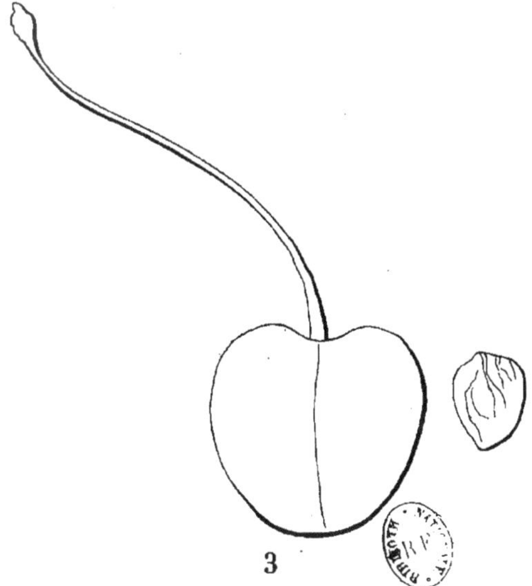

3

4

1. BIGARREAU REVERCHON. 2. RIVAL.

3. DE L'ONCE. 4. GUIGNE COURTE-QUEUE D'OULLINS.

Peingeon, Del. Mâcon.

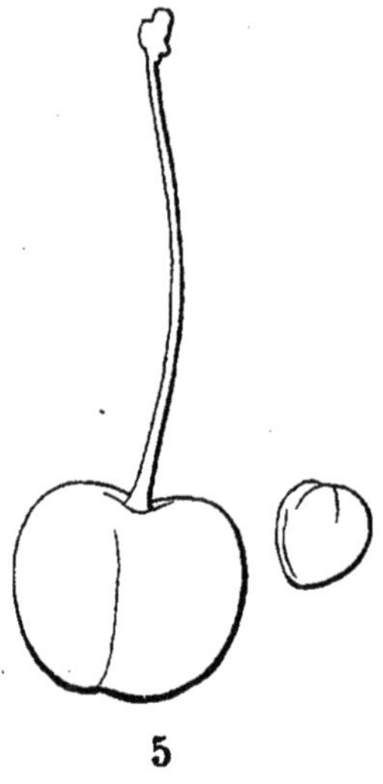

5

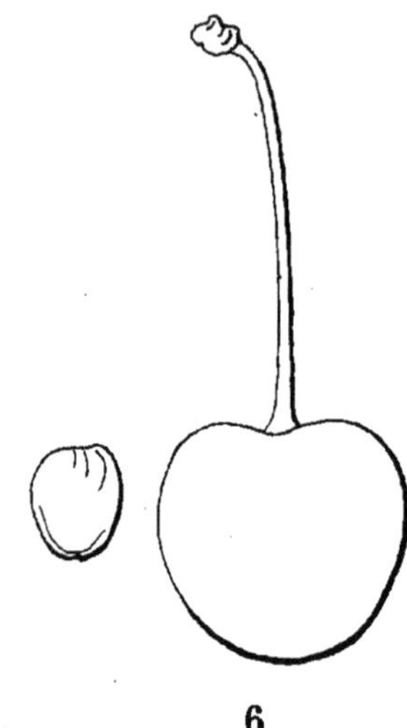

6

7

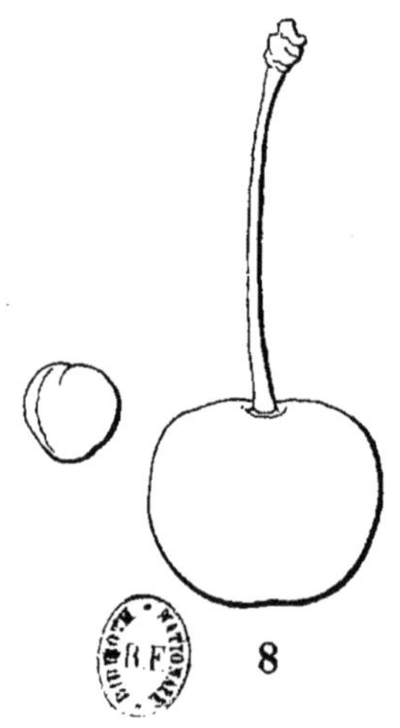

8

5. CERISE ROSCHERS.

6. BIGARREAU ROUGE TARDIF DE BUTTNER.

7. GUIGNE PANACHÉE LA PLUS HATIVE.

8. GUIGNE HATIVE DE BOWYER.

Peingeo

Imp. Protat frères, Mâcon.

CERISE ROSCHERS

(RÖSCHERS KIRSCHE)

(GUIGNE)

[N° 5]

Illustrirtes Handbuch der Obstkunde. OBERDIECK.

OBSERVATIONS. — Semis de hasard trouvé dans la cour d'un paysan de Dossenheim (Hanovre), nommé Roschers. — L'arbre, de vigueur insuffisante sur Sainte-Lucie, n'atteint qu'une petite dimension, même sur merisier. Sa végétation ne se prête pas aux formes régulières. Variété à introduire dans le jardin fruitier. Sa fertilité est très-précoce et grande. Son fruit a les plus grands rapports par sa qualité, par l'époque de sa maturité, par sa couleur avec la Guigne pourpre hâtive, mais il en diffère par sa forme. Les arbres aussi n'ont pas la même apparence.

DESCRIPTION.

Rameaux peu forts, anguleux dans leur contour, bien droits, à entre-nœuds longs, d'un brun rougeâtre entièrement voilé d'une pellicule grisâtre.

Boutons à bois gros, coniques-allongés, à peine renflés et un peu aigus, à direction écartée du rameau, soutenus sur des supports peu saillants dont les côtés et l'arête médiane se prolongent distinctement; écailles d'un marron rougeâtre peu foncé et terne.

Pousses d'été d'un vert terne, bien lavées de rouge vineux du côté du soleil, glabres et bien glutineuses à leur sommet.

Feuilles des pousses d'été moyennes, obovales-elliptiques, se terminant presque régulièrement en une pointe peu longue, peu concaves, bordées de dents assez peu profondes, surdentées et émoussées, mal soutenues sur des pétioles de moyenne longueur, de moyenne force, souples, d'un rouge vineux intense, glabres ou presque glabres, munis de petites glandes réniformes d'un rouge très-foncé, presque noir.

Stipules de moyenne longueur, fines, finement ciliées et élargies à leur base en une oreillette peu développée.

Boutons à fruit gros, conico-ovoïdes, allongés et un peu aigus, réunis sur des dards assez courts et assez peu forts; écailles d'un marron rougeâtre clair et un peu brillant.

Fleurs petites; pétales elliptiques, profondément échancrés à leur sommet, peu concaves; divisions du calice longues, étroites et presque aiguës à leur extrémité; pédicelles de moyenne longueur et grêles.

Feuilles des productions fruitières assez petites, obovales-elliptiques, se terminant un peu brusquement en une pointe très-courte, peu concaves, bordées de dents fines, peu profondes, plus ou moins aiguës, mollement soutenues sur des pétioles assez courts, très-grêles et flexibles.

Caractère saillant de l'arbre : teinte générale du feuillage d'un vert peu foncé et mat; les plus jeunes feuilles bien colorées de rouge; toutes les feuilles plutôt élargies qu'allongées.

Fruit moyen ou presque moyen, cordiforme-court et très-obtus, ordinairement plus large que haut, largement tronqué et échancré du côté de la queue, moins largement tronqué et aussi un peu échancré du côté du point pistillaire, assez convexe par ses joues, un peu comprimé sur ses faces dont l'une est traversée par un sillon souvent assez prononcé et l'autre par une côte un peu saillante seulement vers la cavité de la queue.

Peau mince et cependant un peu ferme, d'abord d'un pourpre vif, puis passant à la maturité, **fin de mai**, au pourpre très-intense et même devenant presque noir. Point pistillaire blanc, placé dans un petit creux un peu ouvert du côté du sillon.

Queue de moyenne longueur, de moyenne force, attachée dans une cavité large, profonde, dont les bords s'abaissent du côté du sillon et se relèvent du côté de la ligne de suture.

Chair demi-tendre, d'un pourpre foncé, abondante en jus colorant, sucré, relevé et légèrement acidulé, constituant un fruit de bonne qualité.

Noyau proportionné au volume du fruit et même plutôt un peu gros contrairement à ce que dit M. Oberdieck, à l'obligeance duquel je dois cette variété, ovoïde très-court et épais, largement tronqué à son point d'attache à la queue, bien obtus à son autre extrémité, à joues bien bombées et à peine plissées vers le point d'attache; suture ventrale finement saillante; arête dorsale très-épaisse, un peu saillante, finement sillonnée et accompagnée de rainures latérales peu profondes.

BIGARREAU ROUGE TARDIF DE BUTTNER

(BUTTNERS SPÄTE RHOTE KNORPELKIRSCHE)

(BIGARREAU)

[N° 6]

Systematisches Handbuch der Obstkunde. DITTRICH.
Illustrirtes Handbuch der Obstkunde. OBERDIECK.

OBSERVATIONS. — Cette variété a été obtenue par M. le chanoine Buttner, de Halle (Prusse). — L'arbre, de vigueur moyenne, forme une tête élevée, d'une bonne tenue et peu compacte. Variété à multiplier dans le verger. Elle est rustique et d'une grande fertilité. Son fruit, par sa consistance, résiste bien aux secousses du transport, à condition qu'il n'ait pas été cueilli dans un état de maturité trop avancée; car alors il se creuse, s'altère autour du noyau et perd beaucoup de sa valeur. Il n'est pas facile de s'expliquer qu'il ait reçu la qualification de tardif alors que sa maturité devance sensiblement celle d'un autre Bigarreau rouge obtenu aussi par le chanoine Buttner, et qui porte simplement le nom de Bigarreau rouge de Buttner.

DESCRIPTION.

Rameaux assez peu forts, unis dans leur contour, à peine flexueux, à entre-nœuds courts, d'un brun rougeâtre intense, recouverts d'une pellicule épaisse seulement du côté de l'ombre; lenticelles blanches, petites, assez nombreuses et assez peu apparentes.

Boutons à bois assez gros, coniques-allongés et bien aigus, à direction bien écartée du rameau, soutenus sur des supports peu saillants dont les côtés et l'arête médiane ne se prolongent pas; écailles d'un marron rougeâtre brillant et bordé de gris blanchâtre.

Pousses d'été d'un vert clair un peu teinté de jaune, de bonne heure bien lavées de rouge sanguin du côté du soleil.

Feuilles des pousses d'été assez grandes, ovales, se terminant un peu brusquement en une pointe longue, concaves, bordées de dents larges, profondes, plusieurs fois et assez profondément surdentées et un peu aiguës ou émoussées, s'abaissant bien sur des pétioles de moyenne longueur, forts, flexibles, glabres, d'un rouge vineux intense, munis de deux grosses glandes réniformes d'un rouge clair et vif.

Stipules très-longues, bien fines, élargies à leur base en une très-petite oreillette profondément laciniée.

Boutons à fruit moyens, ovoïdes un peu allongés et aigus, réunis assez nombreux sur des dards très-courts et un peu forts; écailles d'un marron peu foncé et bordé de gris blanchâtre.

Fleurs presque moyennes; pétales ovales-élargis, très-peu concaves, étroitement échancrés à leur sommet, un peu écartés entre eux; divisions du calice de moyenne longueur, larges à leur base, brusquement atténuées et presque aiguës à leur extrémité; pédicelles longs et un peu forts.

Feuilles des productions fruitières moins amples et plus courtes que celles des pousses d'été, obovales, se terminant brusquement en une pointe peu longue, un peu concaves, bordées de dents assez profondes, parfois surdentées et bien obtuses, assez peu soutenues sur des pétioles de moyenne longueur, de moyenne force et un peu flexibles.

Caractère saillant de l'arbre : couleur foncée des pétioles et des pousses d'été; longueur remarquable des stipules.

Fruit moyen, cordiforme, court, épais et obtus, un peu échancré du côté de la queue, bien obtus et même un peu tronqué et échancré du côté du point pistillaire, largement convexe par ses joues, comprimé sur ses faces dont l'une est traversée par un sillon étroit et un peu prononcé, et l'autre, un peu plus convexe, par une ligne de suture un peu distincte par sa couleur un peu plus foncée.

Peau épaisse et ferme, d'abord d'un blanc jaunâtre marbré de rouge, puis passant au rouge jaunâtre et à l'entière maturité, **fin de juin et commencement de juillet,** au rouge plus foncé, mais ordinairement peu uniforme. Point pistillaire roussâtre, saillant, formant une petite pointe placée tantôt à fleur du fruit, tantôt dans une petite cavité un peu échancrée du côté de la ligne de suture.

Queue longue ou assez longue, de moyenne force, souvent un peu lavée de rouge du côté du soleil, attachée dans une cavité un peu profonde et un peu évasée dont les bords s'abaissent du côté du sillon et se relèvent du côté de la ligne de suture.

Chair d'un jaune clair, ferme, croquante, suffisante en jus incolore, bien sucré et relevé, constituant un fruit de bonne qualité.

Noyau proportionné au volume du fruit, ovoïde un peu épais, plutôt arrondi que tronqué à son point d'attache à la queue, s'atténuant un peu pour se terminer à son autre extrémité en une très-petite pointe, à joues bombées et peu profondément plissées vers le point d'attache et vers l'arête dorsale; suture ventrale un peu saillante et tranchante; arête dorsale peu épaisse, peu saillante, finement sillonnée, accompagnée de rainures latérales étroites et peu creusées.

GUIGNE PANACHÉE LA PLUS HATIVE

(FRÜHESTE BUNTE HERZKIRSCHE)

(GUIGNE)

[N° 7]

Systematisches Handbuch der Obstkunde. DITTRICH.
Illustrirtes Handbuch der Obstkunde. OBERDIECK.
Abbildungen Württembergischer Obstsorten. LUCAS.
GUIGNE PANACHÉE PRÉCOCE. *Les meilleurs Fruits.* DE MORTILLET.

OBSERVATIONS. — Origine ancienne et inconnue. Oberdieck dit que Truchsess reçut cette variété du célèbre pomologiste Kraft, de Vienne. Serait-elle originaire de l'Autriche? M. Oberdieck ajoute qu'elle est probablement semblable à la Cerise Early white heart de Downing. La description de cet auteur ne me donne pas des preuves suffisantes pour admettre cette synonymie. M. de Mortillet lui donne pour synonyme la Cerise Early Amber de Robert Hogg, que j'ai déjà décrite, qui est entièrement différente et qui est un vrai Bigarreau. — L'arbre, de grande vigueur, forme une tête sphérique-déprimée, à branches divergentes et pendantes. Variété bien à multiplier dans le verger. Elle est rustique, d'une fertilité précoce, grande et soutenue. Son fruit a de grands rapports de ressemblance avec la Belle d'Orléans; sa maturité est plus hâtive, et sa qualité presque aussi bonne. Sa floraison, moins précoce, lui assure une fertilité plus constante.

DESCRIPTION.

Rameaux assez peu forts, obscurément anguleux dans leur contour, droits, à entre-nœuds assez courts ou de moyenne longueur, bruns à leur partie inférieure, jaunâtres à leur partie supérieure et presque entièrement recouverts d'une pellicule gris-de-plomb et épaisse.

Boutons à bois moyens, conico-ovoïdes, émoussés, à direction écartée du rameau, soutenus sur des supports très-peu saillants dont les côtés se prolongent très-finement; écailles d'un marron un peu foncé et un peu brillant.

Pousses d'été d'un vert intense, colorées d'un rouge vineux très-vif et glutineuses à leur sommet.

Feuilles des pousses d'été moyennes, ovales-elliptiques, un peu allongées, se terminant peu brusquement en une pointe longue et étroite, à peine repliées sur leur nervure médiane ou à peine concaves, bordées de dents profondes, souvent doubles et aiguës, assez peu soutenues sur des pétioles courts, assez grêles, un peu souples, d'un rouge vineux intense et munis de deux glandes réniformes d'un rouge cerise.

Stipules de moyenne longueur, bien fines, peu élargies à leur base en une oreillette finement laciniée.

Boutons à fruit moyens, conico-ovoïdes, peu aigus, réunis très-nombreux sur des dards très-courts et forts; écailles d'un marron rougeâtre peu brillant.

Fleurs petites; pétales elliptiques, largement et peu profondément échancrés à leur sommet, peu concaves, un peu écartés entre eux; divisions du calice courtes, atténuées et un peu aiguës à leur extrémité; pédicelles de moyenne longueur et de moyenne force.

Feuilles des productions fruitières moins grandes que celles des pousses d'été, obovales ou obovales-elliptiques, se terminant brusquement en une pointe courte, un peu concaves et bien régulièrement bordées de dents fines, un peu profondes et aiguës, assez peu soutenues sur des pétioles courts, grêles et un peu souples.

Caractère saillant de l'arbre : teinte générale du feuillage d'un vert intense et mat; pousses d'été colorées d'un rouge très-vif à leur sommet; tous les pétioles plus ou moins courts et grêles.

Fruit moyen, cordiforme-obtus, tronqué et légèrement échancré du côté de la queue, bien obtus du côté du point pistillaire, largement convexe par ses joues, un peu comprimé sur ses faces dont l'une est traversée par un sillon peu prononcé et l'autre par une ligne de suture portée sur une côte un peu saillante.

Peau très-mince et très-souple, d'abord d'un blanc jaunâtre pâle, puis, à la maturité, **milieu et fin de mai**, devenant un peu plus jaune et un peu transparente, et se recouvrant sur les parties les mieux exposées d'un rose vif et frais, disposé en petits points ou en taches irrégulières. Point pistillaire blanchâtre, attaché dans un petit creux souvent ouvert un peu obliquement du côté du sillon.

Queue de moyenne longueur, peu forte, attachée dans une cavité large, profonde, dont les bords s'abaissent un peu du côté du sillon et se relèvent du côté de la ligne de suture.

Chair d'un blanc à peine teinté de jaune, tendre, abondante en jus incolore, doux, sucré, agréablement relevé et parfumé, constituant un fruit réellement de première qualité et surtout pour la saison.

Noyau bien blanc, petit pour le volume du fruit, ovoïde, presque arrondi à son point d'attache à la queue, obtus à son autre extrémité surmontée d'une pointe à peine appréciable et un peu déjetée de côté, à joues peu bombées et entièrement unies; suture ventrale fine et à peine saillante; arête dorsale non saillante, épaisse, largement sillonnée et accompagnée de rainures latérales assez peu profondes, mais largement ouvertes du côté de la pointe.

GUIGNE HATIVE DE BOWYER

(BOWYER'S EARLY HEART)

(GUIGNE)

[N° 8]

The Fruit Manual. ROBERT HOGG.
The Fruits and the fruit-trees of America. DOWNING.
BOWYERS FRÜHE BUNTE HERZKIRSCHE. *Illustrirtes Handbuch der Obstkunde.* OBERDIECK.

OBSERVATIONS. — Cette variété est d'origine anglaise. — L'arbre, d'une bonne vigueur, forme une tête sphérique, élevée, dont les branches se subdivisent bien régulièrement. Greffé sur Sainte-Lucie, il s'accommode assez bien des formes soumises à la taille. Variété à multiplier dans le jardin fruitier et dans le verger. Elle est d'une bonne santé, d'une fertilité assez précoce et bonne, et son joli fruit vient augmenter le nombre des bonnes Cerises hâtives qui n'est pas encore bien grand.

DESCRIPTION.

Rameaux assez forts et d'une force bien soutenue jusqu'à leur sommet, unis dans leur contour, droits, à entre-nœuds courts, verdâtres et un peu voilés d'une pellicule mince.

Boutons à bois assez petits, conico-ovoïdes, émoussés, à direction bien écartée du rameau, soutenus sur des supports peu saillants dont les côtés et l'arête médiane ne se prolongent pas ; écailles d'un marron clair et brillant.

Pousses d'été d'un vert jaune, un peu lavées de rouge brun du côté du soleil, glutineuses sur une assez grande longueur à leur sommet.

Feuilles des pousses d'été grandes, ovales-lancéolées et bien allongées, s'atténuant longuement et presque régulièrement en une pointe très-étroite, souvent bien creusées en gouttière, bordées de dents larges, bien profondes, assez aiguës et souvent simples, mal soutenues sur des pétioles un peu longs, bien forts, souples, d'un rouge vineux vif, à peine duveteux et munis de deux très-grosses glandes réniformes d'un rouge cerise.

Stipules courtes, peu élargies à leur base en une oreillette très-profondément laciniée.

Boutons à fruit gros, ovoïdes, épais, peu aigus ou émoussés, réunis en bouquets très-serrés sur des dards très courts et très-forts; écailles d'un marron peu foncé et peu brillant.

Fleurs petites; pétales elliptiques-arrondis, profondément échancrés à leur sommet, à peine concaves; divisions du calice un peu longues, étroites, un peu atténuées et presque aiguës à leur extrémité; pédicelles de moyenne longueur et très-grêles.

Feuilles des productions fruitières bien moins grandes que celles des pousses d'été, régulièrement obovales, se terminant peu brusquement en une pointe courte et large, concaves et souvent ondulées dans leur contour, bordées de dents fines, peu profondes et aiguës, mal soutenues sur des pétioles longs, de moyenne force et bien souples.

Caractère saillant de l'arbre : teinte générale du feuillage d'un vert décidé et brillant; feuilles des pousses d'été bien allongées et plus ou moins étroites, mal soutenues sur des pétioles cependant remarquablement forts.

Fruit presque moyen, cordiforme-court et très-obtus, presque également tronqué et échancré soit du côté de la queue, soit du côté du point pistillaire, peu convexe par ses joues, peu comprimé sur ses faces dont l'une est traversée par un sillon large et prononcé, et l'autre par une arête saillante portant une ligne de suture peu appréciable.

Peau un peu ferme, d'abord d'un blanc jaunâtre à l'apparence de porcelaine, puis passant à la maturité, **fin de mai,** au jaune clair lavé et pointillé d'un joli rose vif sur les parties les mieux éclairées. Point pistillaire jaunâtre, creusé dans une dépression large et un peu échancrée.

Queue assez courte ou de moyenne longueur, parfois un peu forte et épaissie à son point d'attache dans une cavité peu profonde et évasée dont les bords s'abaissent assez sensiblement du côté du sillon et se relèvent un peu du côté de la ligne de suture.

Chair d'un blanc jaunâtre, tendre, abondante en jus sucré, acidulé, rafraîchissant, constituant un fruit de bonne qualité.

Noyau proportionné au volume du fruit, ovoïde très-court et très-épais, largement tronqué ou arrondi à son point d'attache à la queue, s'atténuant très-brusquement à son autre extrémité en une pointe très-courte, à joues bien bombées et presque unies dans leur surface; suture ventrale très-finement saillante; arête dorsale un peu épaisse, bien saillante, finement et profondément sillonnée, accompagnée de rainures latérales peu appréciables.

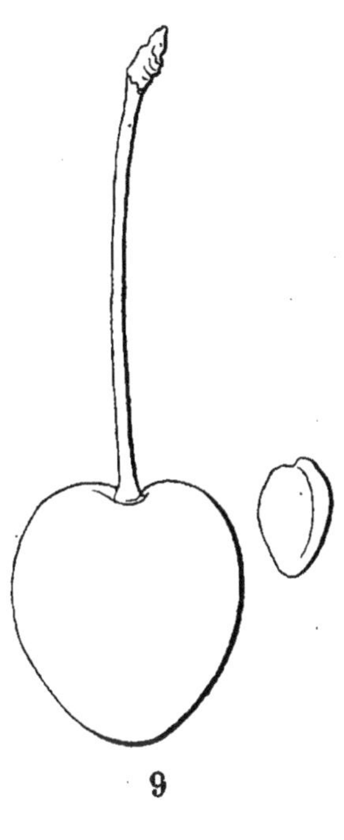

9

10

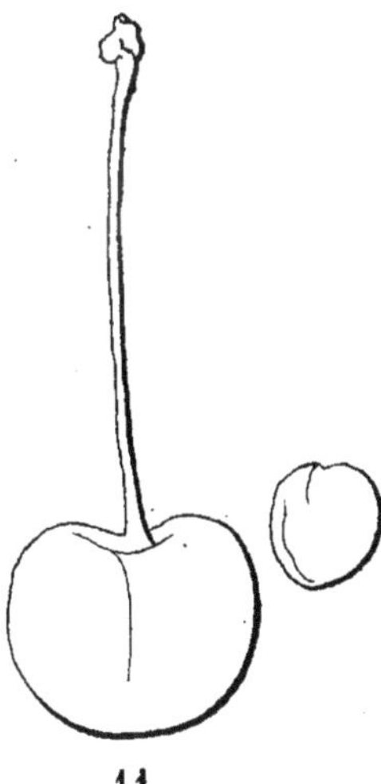

11

12

9. CERISE TOUPIE. 10. KOSTELNICE.

11. DOUCE D'ESPAGNE. 12. CERISE CARMINÉE.

Peingeon, Del. ———, Mâcon.

CERISE TOUPIE

(GUIGNE)

[N° 9]

Belgique horticole. Tome I.
KREISEL KIRSCHE. *Illustrirtes Handbuch der Obstkunde.* OBERDIECK.

OBSERVATIONS. — Obtenue par M. Henrard, horticulteur démonstrateur du Cours d'agriculture à l'Université de Liège. — L'arbre, de vigueur normale, forme une tête de dimension moyenne, à branches érigées et peu compacte. Variété à introduire dans les grandes collections. Son fruit, remarquable par sa forme, est d'assez bonne qualité. Sa fertilité est seulement moyenne.

DESCRIPTION.

Rameaux assez peu forts, presque unis dans leur contour, droits, à entre-nœuds de moyenne longueur, d'un brun rougeâtre très-intense et en partie voilé d'une pellicule gris-de-plomb; lenticelles blanches, rares et apparentes.

Boutons à bois assez gros, conico-ovoïdes, peu renflés et allongés, peu aigus, à direction écartée du rameau, soutenus sur des supports peu saillants dont l'arête médiane se prolonge très-peu distinctement; écailles d'un beau marron rougeâtre foncé et peu brillant.

Pousses d'été d'un vert clair, lavées de rouge brun du côté du soleil, duveteuses et glutineuses à leur sommet.

Feuilles des pousses d'été assez grandes, obovales un peu élargies, se terminant un peu brusquement en une pointe un peu longue et étroite, peu concaves, largement ondulées dans leur contour, bordées de dents fines, peu profondes et émoussées, retombant sur des pétioles longs, peu forts, bien flexibles, d'un rouge vineux, duveteux et le plus souvent dépourvus de glandes qui manquent entièrement ou sont attachées à la base du limbe.

Stipules de moyenne longueur, extraordinairement fines et le plus souvent non élargies en oreillette à leur base.

Boutons à fruit moyens, ovoïdes un peu allongés et un peu aigus, réunis assez nombreux sur des dards courts et forts; écailles d'un marron clair largement bordé de gris blanchâtre.

Fleurs petites; pétales elliptiques, largement et peu profondément échancrés à leur sommet; divisions du calice longues, peu larges, non atténuées et obtuses à leur extrémité; pédicelles de moyenne longueur et grêles.

Feuilles des productions fruitières assez petites ou moyennes, obovales et quelques-unes presque exactement elliptiques, se terminant brusquement en une pointe un peu longue et bien fine, à peine concaves, largement ondulées dans leur contour, bordées de dents bien fines, peu profondes, à peine émoussées ou presque aiguës, s'abaissant un peu sur des pétioles longs, forts et un peu flexibles.

Caractère saillant de l'arbre : feuilles des pousses d'été d'un vert jaune; feuilles des productions fruitières d'un vert plus foncé et mat; toutes les feuilles finement acuminées et remarquablement ondulées dans leur contour; stipules bien fines.

Fruit gros, cordiforme bien allongé, bien atténué, peu tronqué et un peu échancré du côté de la queue, encore plus atténué et se terminant en une pointe saillante du côté du point pistillaire, à joues à peine convexes, comprimé sur ses deux faces et surtout à ses deux extrémités. L'une de ses faces est traversée sur sa hauteur par une dépression peu sensible, et l'autre par une ligne de suture tantôt un peu creusée, tantôt portée sur une arête peu saillante.

Peau fine, mince, tendre, d'abord d'un pourpre clair, puis passant au pourpre brun, et à l'entière maturité, **milieu et fin de juin,** au pourpre presque noir. Point pistillaire très-petit, blanchâtre, creusé dans la pointe du fruit.

Queue longue, grêle ou peu forte, d'un vert clair, attachée dans une cavité étroite, peu profonde, dont les bords s'abaissent un peu soit du côté de la dépression, soit du côté de ligne de suture.

Chair d'un pourpre intense, bien tendre, fondante, abondante en jus peu sucré, acidulé, rafraîchissant, assez agréable.

Noyau proportionné au volume du fruit, ovoïde bien allongé, bien atténué et à peine tronqué à son point d'attache à la queue, encore plus atténué pour se terminer en une pointe à son autre extrémité, à joues peu bombées du côté du point d'attache et unies dans leur surface; suture ventrale très-finement saillante; arête dorsale épaisse et à peine saillante, largement sillonnée sur le milieu de son trajet, accompagnée de rainures latérales larges et peu creusées.

KOSTELNICE

(GUIGNE)

[N° 10]

Anleitung des besten Obstes. Oberdieck.

Observations. — Oberdieck reçut cette variété de M. le baron de Trauttenberg, comme originaire de Neustadt, sur la Meta. — L'arbre, de vigueur normale, forme une tête de moyenne dimension, conique-renversée et un peu évasée, un peu compacte, à branches érigées et bien subdivisées. Variété propre seulement au verger. Elle est rustique, d'un rapport précoce et riche. Son fruit, un peu petit, est réellement savoureux.

DESCRIPTION.

Rameaux de moyenne force, souvent un peu épaissis à leur sommet, obscurément anguleux dans leur contour, presque droits, à entre-nœuds de moyenne longueur ou assez courts, d'un brun rougeâtre entièrement voilé d'une pellicule gris-de-plomb.

Boutons à bois moyens, conico-ovoïdes, un peu épais et aigus, à direction écartée du rameau, soutenus sur des supports saillants dont les côtés et l'arête médiane se prolongent peu distinctement; écailles d'un marron clair et un peu brillant.

Pousses d'été d'un vert pâle, à peine lavées de rouge pâle du côté du soleil et glutineuses à leur sommet.

Feuilles des pousses d'été bien grandes, ovales-allongées et souvent sensiblement élargies, s'atténuant presque régulièrement en une pointe longue, peu repliées sur leur nervure médiane ou peu concaves, ondulées dans leur contour, bordées de dents très-larges, très-profondes, peu surdentées et émoussées, assez mal soutenues sur des pétioles de moyenne longueur, bien forts, un peu souples, colorés de rouge clair et munis de deux très-grosses glandes réniformes d'un rouge peu vif.

Stipules de moyenne longueur, élargies à leur base en une oreillette laciniée.

Boutons à fruit moyens, ovoïdes, un peu épais et un peu aigus, réunis assez nombreux sur des dards courts et forts; écailles d'un marron clair et peu brillant.

Fleurs assez grandes, ouvertes; pétales elliptiques-élargis, irréguliers dans leur forme, peu échancrés à leur sommet, presque planes; divisions du calice longues, peu larges, peu atténuées et obtuses à leur extrémité; pédicelles de moyenne longueur, très-grêles et bien colorés de rouge.

Feuilles des productions fruitières bien moins grandes que celles des pousses d'été, obovales-élargies, se terminant brusquement en une pointe peu longue et étroite, peu concaves et souvent un peu ondulées dans leur contour, bordées de dents assez fines, assez peu profondes et émoussées, assez bien soutenues sur des pétioles courts, grêles et souples.

Caractère saillant de l'arbre : teinte générale du feuillage d'un vert intense et brillant sur les feuilles des pousses d'été, qui sont amples et garnies d'une serrature formée de dents remarquablement larges et profondes; toutes les feuilles plus ou moins ondulées.

Fruit moyen ou presque moyen, cordiforme-obtus, à peine un peu plus atténué du côté du point pistillaire, peu échancré du côté de la queue et un peu tronqué à son autre extrémité, peu convexe par ses joues, un peu comprimé sur ses faces dont l'une est traversée par une dépression large et très-peu creusée, et l'autre est régulièrement convexe, peu saillante et sur laquelle la ligne de suture est peu appréciable.

Peau un peu ferme et cependant souple, d'abord d'un pourpre vif, puis passant à la maturité, **premiers jours de juin,** au pourpre intense presque noir. Point pistillaire blanchâtre, placé dans une cavité très-peu profonde et bien évasée.

Queue courte, un peu forte, souvent un peu lavée de rouge du côté du soleil, attachée dans une cavité étroite, peu profonde, dont les bords se relèvent ou s'abaissent à peine, soit du côté de la dépression, soit du côté de la suture.

Chair d'un pourpre intense, tendre, abondante en jus colorant, sucré, vineux, acidulé, agréablement relevé, constituant un fruit de bonne qualité.

Noyau proportionné au volume du fruit ou assez petit, ovoïde, un peu court, assez largement tronqué à son point d'attache à la queue et s'atténuant assez peu pour se terminer en une pointe très-courte, à joues peu bombées et presque entièrement unies dans leur surface; suture ventrale à peine saillante; arête dorsale peu épaisse, un peu saillante, sillonnée et accompagnée de rainures latérales bien creusées.

DOUCE D'ESPAGNE

(SÜSSE SPANISCHE)

(GUIGNE)

[N° 11]

Systematisches Handbuch der Obstkunde. DITTRICH.
Illustrirtes Handbuch der Obstkunde. OBERDIECK.

OBSERVATIONS. — Cette variété a été envoyée à Truchsess par le pasteur Winter, de Gunsleben, comme provenant d'un noyau de Bigarreau blanc d'Espagne. — L'arbre, de vigueur moyenne, forme une tête sphérique bien déprimée, à branches pendantes, presque à la manière du saule pleureur. Sa végétation est insuffisante sur Sainte-Lucie ; il ne convient qu'à la haute tige sur merisier. Variété bien à multiplier dans le verger de famille. Sa fertilité est précoce et bonne ; son fruit est vraiment excellent.

DESCRIPTION.

Rameaux peu forts, presque unis dans leur contour, à entre-nœuds assez courts, à peine flexueux, d'un brun à peine teinté de rouge et voilé d'une pellicule mince du côté du soleil, plus épaisse du côté de l'ombre.

Boutons à bois moyens, conico-ovoïdes, allongés, un peu maigres et un peu aigus, à direction bien écartée du rameau, soutenus sur des supports peu saillants dont l'arête médiane se prolonge très-obscurément; écailles d'un marron clair et brillant.

Pousses d'été d'un vert clair et un peu jaune, légèrement lavées de rouge du côté du soleil.

Feuilles des pousses d'été moyennes, régulièrement obovales un peu allongées, se terminant brusquement en une pointe un peu longue et bien fine, peu concaves, bien régulièrement bordées de dents fines, très-peu profondes et plus ou moins aiguës, mollement soutenues sur des pétioles un peu longs, de moyenne force, bien souples, d'un rouge vineux intense, duveteux et munis de deux petites glandes globuleuses d'un rouge clair et exactement attachées à la base du limbe.

Stipules assez courtes, extraordinairement fines et non élargies en oreillette à leur base.

Boutons à fruit moyens, conico-ovoïdes, aigus, réunis sur des dards courts et forts; écailles d'un marron rougeâtre clair et brillant.

Fleurs petites; pétales elliptiques, très-profondément dentés, échancrés à leur sommet, frêles, presque planes; divisions du calice longues, bien atténuées et aiguës à leur extrémité; pédicelles longs et de moyenne force.

Feuilles des productions fruitières assez petites, obovales-elliptiques, se terminant brusquement en une pointe un peu longue et bien fine, un peu concaves, bien régulièrement bordées de dents très-fines, peu profondes et bien aiguës, mal soutenues sur des pétioles assez courts, grêles et bien souples.

Caractère saillant de l'arbre : teinte générale du feuillage d'un vert gai et cependant mat; toutes les feuilles remarquables par leur serrature bien fine, bien finement acuminées et mollement soutenues sur leurs pétioles.

Fruit moyen, cordiforme-obtus, largement tronqué, échancré et épaissi du côté de la queue, brusquement atténué et très-largement obtus du côté du point pistillaire, un peu convexe par ses joues et peu comprimé par ses faces dont l'une est traversée par un sillon large et peu creusé, et l'autre par une côte souvent bien saillante, surtout du côté de la queue, et portant une ligne de suture un peu distincte lorsque cette face reste colorée de jaune.

Peau assez mince, fine et un peu souple, d'abord d'un blanc jaunâtre, puis passant à la maturité, **premiers jours de juin,** au jaune blanchâtre du côté de l'ombre, et se couvrant du côté du soleil d'un joli rouge cerise clair et vif, pointillé de jaune, ou plutôt à travers lequel apparaît la couleur fondamentale. Point pistillaire roux, attaché dans une dépression assez large et peu creusée.

Queue assez longue, peu forte, d'un vert clair et vif, à peine épaissie à son point d'attache dans une cavité large et profonde dont les bords s'abaissent peu du côté du sillon et se relèvent un peu du côté de la ligne de suture.

Chair d'un blanc un peu teinté de jaune, tendre, assez fondante, abondante en jus délicieusement sucré, acidulé et relevé, constituant un fruit de toute première qualité.

Noyau assez petit pour le volume du fruit, presque ellipsoïde, à peine un peu obliquement tronqué à son point d'attache à la queue, s'atténuant peu pour se terminer à son autre extrémité en une pointe peu appréciable et placée un peu en dehors de son axe, à joues assez peu bombées, sensiblement plissées vers le point d'attache et la suture ventrale; suture ventrale assez saillante; arête dorsale un peu épaisse, peu saillante, très-finement sillonnée et accompagnée de rainures latérales étroites et peu creusées.

CERISE CARMINÉE

(CARMINE STRIPE)

(BIGARREAU)

[N° 12]

The Fruits and the fruit-trees of America. DOWNING.
The American fruit Culturist. THOMAS.

OBSERVATIONS. — Obtenue par le professeur Kirtland, de Cleveland, Ohio (Etats-Unis). — L'arbre, de vigueur moyenne et de végétation un peu irrégulière, forme une tête à branches divergentes et s'étendant au loin. Variété à introduire dans le verger. Elle est d'une fertilité précoce et bonne. Son fruit, de jolie apparence, est seulement de seconde qualité et résiste assez bien au transport.

DESCRIPTION.

Rameaux de moyenne force, unis dans leur contour, droits, à entre-nœuds courts, d'un brun rougeâtre très-intense et un peu voilé d'une pellicule mince du côté du soleil; lenticelles blanches, arrondies, peu nombreuses et apparentes.

Boutons à bois assez petits, conico-ovoïdes, peu aigus, à direction bien écartée du rameau, soutenus sur des supports peu saillants dont les côtés et l'arête médiane ne se prolongent pas; écailles d'un marron rougeâtre brillant.

Pousses d'été d'un vert jaune, lavées de rouge vineux du côté du soleil, glabres et un peu glutineuses à leur sommet.

Feuilles des pousses d'été moyennes ou assez grandes, régulièrement obovales, se terminant un peu brusquement en une pointe large et courte, un peu concaves, bordées de dents un peu larges, un peu profondes, souvent surdentées et peu aiguës, mal soutenues sur des pétioles longs, un peu forts, souples, d'un rouge violet intense, à peine duveteux et munis de deux glandes réniformes d'un rouge groseille intense.

Stipules de moyenne longueur, fines et finement laciniées à leur base.

Boutons à fruit assez petits, ovoïdes, un peu courts, un peu épais et peu aigus, réunis en bouquets serrés sur des dards très-courts et forts ; écailles d'un marron rougeâtre peu foncé et brillant.

Fleurs moyennes; pétales elliptiques, très-profondément échancrés à leur sommet, peu concaves, se recouvrant entre eux; divisions du calice assez courtes, larges, bien atténuées, peu obtuses à leur extrémité et bien colorées de rouge vineux ; pédicelles de moyenne longueur et grêles.

Feuilles des productions fruitières presque moyennes, obovales elliptiques, se terminant brusquement en une pointe large et courte, bien creusées en gouttière, bordées de dents fines, peu profondes et un peu aiguës, mal soutenues sur des pétioles assez courts, grêles et souples.

Caractère saillant de l'arbre : teinte générale du feuillage d'un vert vif et luisant; la plupart des feuilles remarquablement creusées en gouttière.

Fruit moyen ou assez gros, cordiforme-obtus, largement tronqué et peu échancré du côté de la queue, s'atténuant assez peu sensiblement pour se terminer en une pointe largement obtuse du côté du point pistillaire, peu convexe par ses joues, un peu comprimé par une de ses faces traversée par un sillon large et peu creusé, convexe par la face opposée, portant une ligne de suture à peine distincte.

Peau ferme, d'abord blanchâtre, puis passant à la maturité, **seconde semaine de juin,** au blanc paille lavé et strié de carmin du côté du soleil. Point pistillaire roux, placé dans une petite dépression formée par la pointe du fruit.

Queue de moyenne longueur, assez grêle, attachée dans une cavité un peu évasée et assez peu profonde, dont les bords s'abaissent ou se relèvent à peine du côté du sillon et du côté de la ligne de suture.

Chair blanchâtre, assez ferme, peu abondante en jus incolore, sucré, acidulé et qui n'acquiert toute sa saveur qu'à l'entière maturité.

Noyau petit pour le volume du fruit, ovoïde, court et un peu épais, assez largement tronqué à son point d'attache à la queue et se terminant très-brusquement à son autre extrémité en une pointe très-courte, à joues un peu bombées, largement et une fois plissées vers l'arête dorsale ; suture ventrale finement saillante ; arête dorsale saillante, peu épaisse, largement sillonnée et accompagnée de rainures latérales très-étroites et peu creusées.

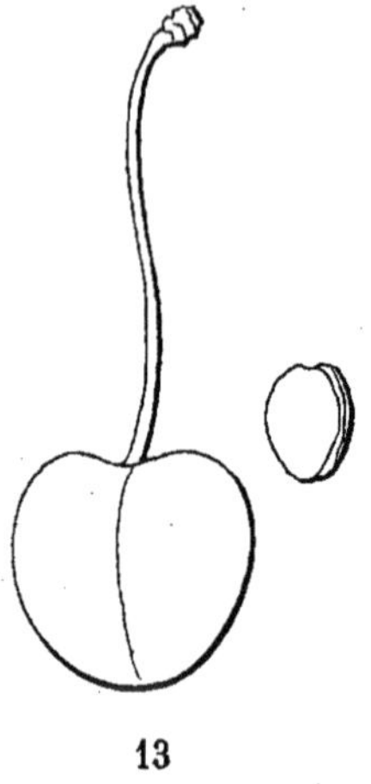

13

14

15

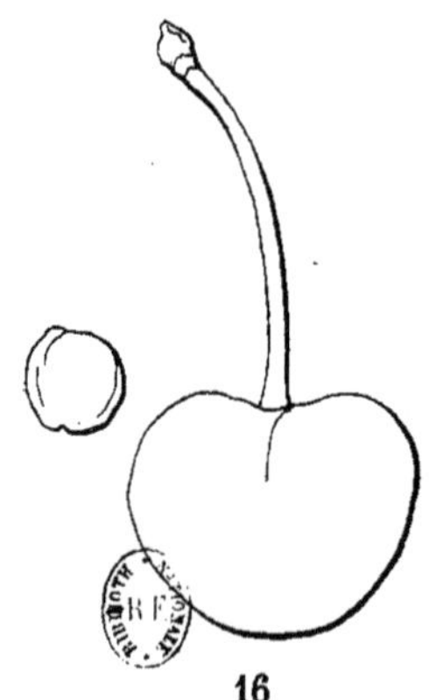

16

13. CERISE PERLE.

14. BIGARREAU NOIR DE WINCKLER.

15. KOLAKI.

16. MAMMOUTH DE KIRTLAND.

ıgeon,

Imp. Protat frères, Mâcon.

CERISE PERLE

(PERLKIRSCHE)

(GUIGNE)

[N° 13]

Systematisches Handbuch der Obstkunde. DITTRICH.
Illustrirtes Handbuch der Obstkunde. OBERDIECK.

OBSERVATIONS. — Variété ancienne et d'origine allemande. — L'arbre, de vigueur normale, forme une tête élevée et peu compacte. Variété à introduire dans le verger. Sa fertilité est précoce et bonne. Son fruit, de la plus jolie apparence, est d'une finesse et d'une saveur distinguées entre ceux de sa classe.

DESCRIPTION.

Rameaux d'une force moyenne et bien soutenue à leur partie supérieure, peu allongés, presque unis dans leur contour, presque droits, à entre-nœuds courts, d'un brun jaunâtre un peu teinté de rouge et bien recouverts d'une pellicule gris-de-plomb du côté du soleil.

Boutons à bois assez petits, conico-ovoïdes, un peu maigres et bien aigus, à direction bien écartée du rameau, soutenus sur des supports peu saillants dont l'arête médiane ne se prolonge pas ou très-obscurément; écailles d'un marron rougeâtre brillant.

Pousses d'été d'un vert très-clair, légèrement lavées de rouge du côté du soleil, presque glabres et glutineuses à leur sommet.

Feuilles des pousses d'été grandes, obovales ou obovales-élargies, se terminant assez brusquement en une pointe un peu longue et large, peu concaves ou repliées sur leur nervure médiane, parfois largement ondulées dans leur contour, bordées de dents larges, profondes, obtuses ou émoussées, assez peu soutenues sur des pétioles courts, un peu forts, souples, peu colorés de rouge, duveteux et dépourvus de glandes qui sont ordinairement attachées à la base du limbe et sont globuleuses et d'un rouge très-intense.

Stipules assez grandes, fortes et un peu élargies à leur base en une oreillette laciniée.

Boutons à fruit assez petits, ovoïdes un peu allongés et un peu aigus, peu nombreux sur des dards courts et un peu forts; écailles d'un marron rougeâtre peu brillant.

Fleurs moyennes; pétales elliptiques-élargis, échancrés à leur sommet, peu concaves, se recouvrant bien entre eux; divisions du calice assez courtes, larges et obtuses; pédicelles longs et de moyenne force.

Feuilles des productions fruitières beaucoup moins grandes que celles des pousses d'été, obovales ou obovales-elliptiques, se terminant très-brusquement en une pointe courte et fine, peu concaves, ondulées dans leur contour, bordées de dents fines, peu profondes et aiguës, mal soutenues sur des pétioles de moyenne longueur, grêles et flexibles.

Caractère saillant de l'arbre : teinte générale du feuillage d'un beau vert vif; presque toutes les feuilles ondulées dans leur contour et brusquement acuminées.

Fruit moyen, presque régulièrement cordiforme, un peu obtus, s'arrondissant bien pour s'échancrer un peu du côté de la queue, s'atténuant plus ou moins sensiblement pour se terminer du côté du point pistillaire en une pointe plus ou moins obtuse, un peu convexe par ses joues seulement du côté de la queue, bien comprimé sur ses faces dont l'une est seulement un peu déprimée à son centre plutôt que traversée par un sillon, et l'autre, bien largement convexe, est traversée par une ligne de suture apparente par sa couleur plus foncée.

Peau un peu ferme, d'abord d'un blanc un peu transparent, puis à la maturité, **fin de juin**, passant au blanc brillant un peu teinté de jaune et lavé, sur les parties les mieux exposées, d'un joli rose à travers lequel apparaît la couleur fondamentale par un pointillé jaune et très-fin. Point pistillaire brunâtre, un peu creusé dans la pointe du fruit.

Queue de moyenne longueur et de moyenne force, d'un vert pâle, attachée dans une cavité étroite, un peu profonde, dont les bords s'abaissent un peu du côté du sillon et se relèvent à peine du côté de la ligne de suture.

Chair blanche, tendre, abondante en jus excellemment sucré et relevé, constituant un fruit de première qualité.

Noyau proportionné au volume du fruit, ovo-ellipsoïde, presque également atténué à ses deux extrémités, à peine tronqué à son point d'attache à la queue et obtus à son autre extrémité, à joues un peu bombées et presque unies dans leur surface; suture ventrale un peu saillante et tranchante; arête dorsale peu épaisse, non saillante, finement et peu profondément sillonnée, accompagnée de rainures latérales étroites et très-peu creusées.

BIGARREAU NOIR DE WINCKLER

(WINCKLERS SCHWARZE KNORPELKIRSCHE)

(BIGARREAU)

[N° 14]

Systematisches Handbuch der Obstkunde. DITTRICH.
Illustrirtes Handbuch der Obstkunde. JAHN.
Les meilleurs Fruits. DE MORTILLET.

OBSERVATIONS. — Ce Bigarreau a été obtenu par la Société de pomologie de Guben (Prusse). — L'arbre, de bonne vigueur, forme une tête sphérique-élargie dont les branches, en se subdivisant régulièrement, lui donnent une bonne tenue. Variété à introduire dans le verger. Elle est rustique. Sa fertilité est précoce, mais seulement moyenne. Son fruit est beau et vraiment savoureux.

DESCRIPTION.

Rameaux forts, peu allongés et souvent un peu épaissis à leur sommet, unis dans leur contour, droits, à entre-nœuds très-courts, rougeâtres et entièrement recouverts d'une pellicule un peu épaisse et gris-de-plomb.

Boutons à bois moyens, conico-ovoïdes, un peu épais, très-courtement aigus, à direction écartée du rameau, soutenus sur des supports peu saillants dont les côtés et l'arête médiane ne se prolongent pas; écailles d'un marron rougeâtre brillant.

Pousses d'été d'un vert jaune lavé de rouge vineux du côté du soleil, glabres et glutineuses à leur sommet.

Feuilles des pousses d'été assez grandes, obovales-elliptiques, se terminant peu brusquement en une pointe peu longue, concaves, bordées de dents peu larges, très-peu profondes et obtuses, assez mal soutenues sur des pétioles de moyenne longueur, forts, souples, d'un rouge vineux intense, glabres et munis de deux glandes réniformes d'un rouge groseille foncé.

Stipules de moyenne longueur ou assez longues, bien élargies à leur base en une oreillette laciniée.

Boutons à fruit moyens, ovo-ellipsoïdes, très-courtement aigus, réunis nombreux en bouquets très-serrés sur des dards extraordinairement courts et forts; écailles d'un marron rougeâtre peu foncé et brillant.

Fleurs grandes; pétales elliptiques, largement et assez profondément échancrés à leur sommet, presque planes; divisions du calice longues, peu atténuées et obtuses à leur extrémité; pédicelles assez courts, grêles et bien colorés de rouge.

Feuilles des productions fruitières presque moyennes ou petites, obovales un peu allongées ou presque elliptiques, se terminant brusquement en une pointe courte et fine, concaves, bordées de dents fines, peu profondes et plus ou moins aiguës, assez peu soutenues sur des pétioles assez courts, peu forts et un peu souples.

Caractère saillant de l'arbre : teinte générale du feuillage d'un vert gai et luisant; feuilles des productions fruitières courtement et finement acuminées.

Fruit gros, cordiforme, court, obtus et épais, assez largement tronqué et un peu échancré du côté de la queue, largement obtus du côté du point pistillaire, largement convexe par ses joues, à peine comprimé sur ses faces dont l'une est traversée par un sillon à peine creusé, et l'autre, sensiblement plus saillante, porte une ligne de suture peu appréciable.

Peau un peu ferme, d'abord d'un pourpre clair devenant ensuite plus intense, puis passant à l'entière maturité, **milieu et fin de juin,** au pourpre noir. Point pistillaire petit, grisâtre, placé dans une petite cavité à l'extrémité de la ligne de suture qui se creuse un peu en entrant dans cette cavité.

Queue de moyenne longueur, un peu forte, d'un vert clair et vif, attachée dans une cavité assez profonde, large, évasée par ses bords qui s'abaissent un peu du côté du sillon et se relèvent de même du côté de la ligne de suture.

Chair d'un pourpre peu foncé, assez ferme mais non très-ferme, succulente, abondante en jus un peu colorant, doux, sucré, délicatement relevé, constituant un fruit de première qualité.

Noyau petit pour le volume du fruit, ovo-ellipsoïde, épais, un peu obliquement arrondi à son point d'attache à la queue, se terminant brusquement à son autre extrémité en une petite pointe obtuse, à joues bien bombées et à peine plissées vers l'arête dorsale et perpendiculairement à la suture ventrale qui est peu appréciable; arête dorsale épaisse, peu saillante, profondément sillonnée du côté du point d'attache, accompagnée de rainures latérales un peu larges et un peu creusées seulement du côté de la pointe.

KOLAKI

(GUIGNE)

[N° 15]

Illustrirtes Handbuch der Obstkunde. OBERDIECK.

OBSERVATIONS. — Cette variété est seulement mentionnée par M. Oberdieck comme originaire de la Bohême.—L'arbre, de vigueur moyenne, forme une tête conique-renversée et un peu compacte. Variété à multiplier dans le verger. Elle est rustique. Sa fertilité est très-précoce, grande et soutenue. Son fruit est petit, mais d'une saveur vraiment agréable et se recommande aussi par sa maturité très-hâtive.

DESCRIPTION.

Rameaux peu forts, un peu obscurément anguleux dans leur contour, presque droits, à entre-nœuds courts, d'un rouge sanguin intense en partie voilé d'une pellicule mince; lenticelles blanches, très-petites, assez nombreuses et peu apparentes.

Boutons à bois moyens, conico-ovoïdes, maigres, un peu aigus, à direction écartée du rameau, soutenus sur des supports saillants dont l'arête médiane se prolonge assez distinctement; écailles d'un marron rougeâtre un peu foncé et brillant.

Pousses d'été d'un vert très-pâle, presque blanc, lavé de rouge sanguin clair du côté du soleil.

Feuilles des pousses d'été grandes, ovales-allongées et un peu élargies, se terminant presque régulièrement en une pointe peu longue, à peine concaves, bordées de dents larges, profondes, doubles et peu aiguës, ondulées dans leur contour, pendantes sur des pétioles longs, forts, bien flexibles, d'un rouge vineux, un peu duveteux et munis de deux glandes réniformes d'un rouge cerise.

Stipules un peu longues, fines, non élargies en oreillette et peu profondément laciniées à leur base.

Boutons à fruit moyens, ovo-ellipsoïdes, un peu allongés et un peu aigus ; écailles d'un marron rougeâtre clair et brillant.

Fleurs presque moyennes; pétales ovales-élargis, distinctement échancrés à leur sommet, presque planes, frêles et ne se recouvrant pas entre eux ; divisions du calice longues, larges, bien atténuées à leur extrémité, colorées d'un rouge vineux à leur base; pédicelles de moyenne longueur et très-grêles.

Feuilles des productions fruitières moins grandes que celles des pousses d'été, presque elliptiques ou peu obovales, un peu brusquement et sensiblement atténuées vers le pétiole, se terminant régulièrement en une pointe courte, peu concaves, bordées de dents un peu profondes et peu aiguës, s'abaissant peu sur des pétioles de moyenne longueur, grêles et flexibles.

Caractère saillant de l'arbre : teinte générale du feuillage d'un vert intense et mat; toutes les feuilles plus ou moins allongées et peu larges; sommet des pousses d'été et pétioles bien colorés de rouge vineux.

Fruit moyen, cordiforme un peu allongé, assez sensiblement échancré du côté de la queue, et s'atténuant assez sensiblement pour se terminer à son autre extrémité en une pointe obtuse, peu convexe par ses joues, largement et peu profondément sillonné sur une de ses faces, convexe un peu comprimé par la face opposée.

Peau un peu ferme et cependant souple, d'abord d'un blanc jaunâtre, puis, à la maturité, **premiers jours de juin**, passant au jaune clair, devenant transparente du côté de l'ombre et se couvrant du côté du soleil d'un pourpre brun, tantôt plus vif, tantôt plus intense, à proportion que le fruit est mieux exposé. Point pistillaire jaunâtre, peu apparent, à peine creusé dans la pointe du fruit.

Queue de moyenne longueur, assez grêle, d'un vert pâle et souvent un peu colorée de rouge du côté du soleil, attachée dans une cavité étroite et peu profonde, dont les bords s'abaissent assez sensiblement, soit du côté du sillon, soit du côté de la ligne de suture.

Chair d'un blanc à peine teinté de jaune, tendre, abondante en jus incolore, bien sucré, agréablement relevé, constituant un fruit de première qualité.

Noyau assez petit pour le volume du fruit, assez exactement ovoïde, à peine tronqué à son point d'attache à la queue, s'atténuant assez sensiblement pour se terminer à son autre extrémité en une pointe peu obtuse, à joues peu bombées et presque entièrement unies dans leur surface ; suture ventrale finement saillante; arête dorsale très-peu épaisse, un peu saillante et même tranchante, accompagnée de rainures latérales étroites et très-peu creusées.

MAMMOUTH DE KIRTLAND

(KIRTLAND'S MAMMOTH)

(GUIGNE)

[N° 16]

The Fruits and the fruit-trees of America. DOWNING.
The American fruit Culturist. THOMAS.
MAMMOTH. *The Fruit Manual.* ROBERT HOGG.

OBSERVATIONS. — Cette variété a été obtenue par le docteur Kirtland, de Cleveland, Ohio (Etats-Unis). — L'arbre, d'une très-grande vigueur, forme une tête robuste, s'étendant au loin et de forme sphérique. Variété à conseiller seulement à l'amateur. Elle est magnifique de végétation. Son fruit par son volume et sa beauté peut contribuer à l'ornement du dessert, mais sa saveur ne répond pas entièrement à son apparence. Sa fertilité n'est pas précoce et ne devient pas même moyenne par la suite.

DESCRIPTION.

Rameaux assez forts, très-obscurément anguleux dans leur contour, presque droits, à entre-nœuds de moyenne longueur ou assez longs, d'un rouge très-foncé et à peine voilé d'une pellicule mince du côté du soleil; lenticelles blanchâtres, larges, allongées, rares et apparentes.

Boutons à bois gros, conico-ovoïdes, peu aigus ou émoussés, à direction écartée du rameau, soutenus sur des supports peu saillants dont l'arête médiane se prolonge très-peu distinctement; écailles d'un marron rougeâtre assez foncé et peu brillant.

Pousses d'été d'un vert pâle et terne, légèrement lavées de rouge peu brillant du côté du soleil et glutineuses à leur sommet.

Feuilles des pousses d'été extraordinairement grandes, obovales-allongées et élargies, se terminant brusquement en une pointe longue, bien creusées en gouttière, bordées de dents larges, profondes, surdentées et émoussées, peu soutenues sur des pétioles de moyenne longueur, extraordinairement forts et cependant souples, d'un rouge violet, glabres et munis de deux grosses glandes réniformes d'un rouge foncé.

Stipules très-courtes, fines, élargies à leur base en une oreillette finement et profondément laciniée.

Boutons à fruit très-gros, ovoïdes, courts, épais, peu aigus ou émoussés, réunis en petits bouquets sur des dards courts et forts ; écailles d'un marron peu foncé et assez brillant.

Fleurs grandes ; pétales bien élargis, largement échancrés à leur sommet, à peine concaves, se recouvrant bien entre eux ; divisions du calice bien larges, brusquement atténuées, un peu obtuses ou presque aiguës à leur extrémité ; pédicelles un peu longs et de moyenne force.

Feuilles des productions fruitières plus amples que celles des pousses d'été, obovales plus élargies, se terminant brusquement en une pointe moins longue, un peu concaves, bordées de dents assez fines, un peu profondes et un peu aiguës, mal soutenues sur des pétioles de moyenne longueur, forts et souples.

Caractère saillant de l'arbre : teinte générale du feuillage d'un vert intense et mat ; ampleur extraordinaire de toutes les feuilles ; développement remarquable de tous les organes de l'arbre.

Fruit gros ou très-gros, cordiforme, très-court et très-obtus, très-épais et plus large que haut, largement échancré du côté de la queue, tronqué et à peine échancré du côté du point pistillaire, à peine comprimé par une de ses faces traversée par un sillon très-large et à peine creusé, traversé sur l'autre face par une côte souvent assez saillante et portant une ligne de suture peu appréciable.

Peau un peu épaisse et cependant souple, d'abord d'un blanc de porcelaine, puis passant à la maturité, **premiers jours de juin,** au blanc paille et brillant, lavé du côté du soleil d'un rouge cerise des plus vifs et très-finement pointillé de blanchâtre. Point pistillaire large, roussâtre, placé dans une dépression plus ou moins creusée et paraissant souvent attaché un peu en dehors de l'axe du fruit.

Queue d'un vert très-clair, de moyenne longueur, bien forte, sensiblement épaissie à son point d'attache dans une dépression large, profonde, évasée, dont les bords s'abaissent bien du côté du sillon et se relèvent un peu du côté de la ligne de suture ou même parfois s'abaissent également des deux côtés.

Chair blanchâtre, peu fine, tendre, abondante en jus incolore, sucré, assez vivement acidulé, sans parfum bien appréciable, constituant un fruit de seconde qualité.

Noyau petit pour le volume du fruit, irrégulièrement sphérique par la saillie très-prononcée de l'arête dorsale du côté du point d'attache à la queue, à joues bien bombées et un peu plissées, soit du côté de l'arête dorsale, soit vers la suture ventrale qui est un peu saillante ; arête dorsale bien épaisse, bien saillante sur la moitié de sa longueur, largement sillonnée et accompagnée de rainures latérales peu larges et peu creusées.

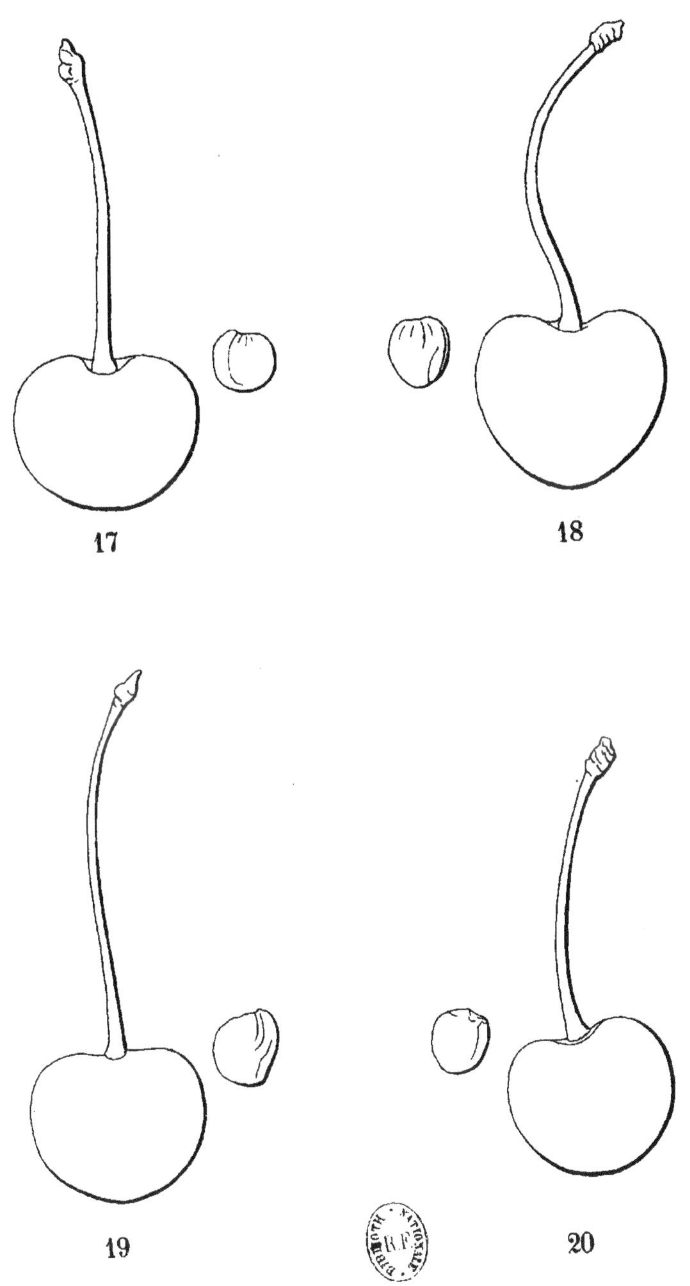

17. CERISE ÉPISCOPALE.
18. CERISE DE ZEISBERG.

19. BIGARREAU PERLE.
20. BELLE DE WORSERY.

CERISE ÉPISCOPALE

(CERISE)

[N° 17]

Les meilleurs Fruits. DE MORTILLET.
Catalogue ANDRÉ LEROY. Angers.
DE MONTMORENCY ÉPISCOPALE. *Catalogue* JACQUEMET-BONNEFOND. Annonay.

OBSERVATIONS. — Origine inconnue pour nous. — L'arbre, de vigueur moyenne, s'élève en une tête conique-renversée et s'accommode assez bien des formes soumises à la taille. Variété à introduire seulement dans les grandes collections. Sa fertilité est peu précoce et à peine moyenne. Son fruit, qui a quelques rapports de ressemblance avec la Cerise de Kent, est plus gros, moins coloré et de maturité plus tardive. La tenue de l'arbre est aussi différente : ses branches sont plus érigées, plus fermes et se subdivisent moins dans leur bois.

DESCRIPTION.

Rameaux assez forts et dont la force est bien soutenue jusqu'à leur sommet, unis dans leur contour, droits, à entre-nœuds de moyenne longueur ou assez longs, d'un brun rougeâtre très-foncé et à peine voilé d'une pellicule mince ; lenticelles blanchâtres, bien arrondies, largement espacées et apparentes.

Boutons à bois moyens, conico-ovoïdes, obtus, à direction bien écartée du rameau, soutenus sur des supports peu saillants dont les côtés et l'arête médiane ne se prolongent pas ; écailles d'un marron rougeâtre très-foncé et terne.

Pousses d'été d'un vert très-clair, à peine teintées de rouge du côté du soleil et non glutineuses à leur sommet.

Feuilles des pousses d'été grandes ou assez grandes, obovales un peu allongées, souvent bien élargies et se terminant brusquement du côté de leur pointe qui est assez longue, repliées sur leur nervure médiane ou creusées en gouttière, à peine ou non arquées, bordées de dents fines, plusieurs fois et très-finement surdentées, peu profondes et obtuses, bien dressées sur des pétioles courts, très-forts, d'un rouge violet, glabres et munis de deux grosses glandes réniformes d'un jaune clair.

Stipules courtes, fines, bien élargies à leur base en une oreillette profondément dentée plutôt que laciniée.

Boutons à fruit moyens ou assez petits, ovo-ellipsoïdes, émoussés, réunis assez peu nombreux sur des dards courts et forts; écailles d'un marron rougeâtre peu foncé et terne.

Fleurs à peine moyennes; pétales bien élargis, non échancrés à leur sommet, bien concaves, se recouvrant bien entre eux; divisions du calice bien largement ovales, profondément dentées dans tout leur contour; pédicelles courts et forts.

Feuilles des productions fruitières petites, régulièrement obovales, se terminant brusquement en une pointe courte et souvent recourbées en dessous, largement creusées en gouttière, bordées de dents un peu profondes, finement et plusieurs fois surdentées et presque aiguës, bien soutenues sur des pétioles courts, forts et bien raides.

Caractère saillant de l'arbre : teinte générale du feuillage d'un beau vert intense et un peu brillant; toutes les feuilles bien épaisses et fermes; tous les pétioles courts et remarquablement forts.

Fruit gros, sphérique, bien déprimé à ses deux pôles, très-largement tronqué du côté de la queue, largement arrondi ou même souvent presque tronqué du côté du point pistillaire, bien convexe par ses joues, peu comprimé sur ses faces dont l'une est à peine creusée sur sa hauteur et l'autre est traversée par une ligne de suture à peine appréciable par sa couleur.

Peau fine, mince, transparente, d'abord d'un rouge très-clair, puis passant à la maturité, **fin de juin,** au rouge vif et peu foncé. Point pistillaire large, roussâtre, placé dans une cavité assez prononcée, évasée et à peine ouverte du côté de la ligne de suture.

Queue de moyenne longueur, un peu forte, bien épaissie à son point d'attache dans une cavité un peu profonde, évasée et presque régulière par ses bords.

Chair d'un blanc à peine teinté de jaune, transparente, très-tendre, très-fondante, bien abondante en jus peu sucré, relevé d'un acide fin et rafraîchissant, constituant un fruit de bonne qualité entre les cerises transparentes, mais auquel il manque cependant un peu de sucre.

Noyau petit pour le volume du fruit, irrégulièrement sphérique, assez largement tronqué à son point d'attache à la queue à laquelle il adhère assez solidement, largement obtus à son autre extrémité, à joues bien bombées et unies dans leur surface; suture ventrale un peu saillante et tranchante; arête dorsale peu épaisse, saillante vers le point d'attache, le plus souvent non sillonnée, accompagnée de rainures latérales qui s'élargissent et se creusent seulement vers la pointe.

CERISE DE ZEISBERG

(ZEISBERGISCHE KIRSCHE)

(BIGARREAU)

[N° 18]

Illustrirtes Handbuch der Obstkunde. OBERDIECK.
Catalogue JAHN. 1864.

OBSERVATIONS. — D'après Oberdieck, cette variété, nouvellement obtenue dans le Hanovre, porte le nom de son auteur. — L'Arbre est de bonne vigueur, d'une végétation assez bien équilibrée pour que l'on puisse en obtenir des formes régulières. Celle de vase lui convient surtout. Sa haute tige forme une tête sphérique de moyenne dimension et peu compacte. Variété à multiplier dans le jardin fruitier aussi bien que dans le verger. Sa fertilité précoce est seulement moyenne; toutefois son fruit est assez beau et assez bon pour la recommander à la culture de spéculation.

DESCRIPTION.

Rameaux forts, peu allongés et souvent un peu épaissis à leur sommet, obscurément anguleux dans leur contour, droits, à entre-nœuds de moyenne longueur, d'un brun rougeâtre peu foncé et entièrement recouvert d'une pellicule gris-de-plomb.

Boutons à bois assez petits, conico-ovoïdes, courtement aigus, à direction plus ou moins écartée du rameau, soutenus sur des supports peu saillants dont les côtés et l'arête médiane se prolongent peu distinctement; écailles d'un marron rougeâtre foncé et peu brillant.

Pousses d'été d'un vert très-clair, peu lavées de rouge du côté du soleil et glutineuses à leur sommet.

Feuilles des pousses d'été grandes, obovales bien allongées, se terminant peu brusquement en une pointe longue et étroite, bien creusées en gouttière et un peu ondulées, bordées de dents larges, assez profondes, obtuses ou émoussées, mal soutenues sur des pétioles courts, forts, souples, colorés de rouge vineux, un peu duveteux et munis de deux glandes réniformes d'un rouge clair.

Stipules un peu longues, s'élargissant bien à leur base en une oreillette dentée.

Boutons à fruit moyens, ovoïdes, un peu aigus, réunis nombreux, en bouquets serrés, sur des dards courts et forts ; écailles d'un marron rougeâtre peu foncé et un peu brillant.

Fleurs petites ; pétales ovales-élargis, peu profondément échancrés à leur sommet, peu concaves, se recouvrant à peine entre eux ; divisions du calice de moyenne longueur, larges, bien atténuées et presque aiguës à leur extrémité ; pédicelles bien longs et grêles.

Feuilles des productions fruitières, beaucoup moins grandes que celles des pousses d'été, obovales un peu élargies, se terminant un peu brusquement en une pointe courte, bien creusées en gouttière, bordées de dents fines, peu profondes et un peu aiguës, mal soutenues sur des pétioles courts, grêles et souples.

Caractère saillant de l'arbre : teinte générale du feuillage d'un vert tendre et mat ; feuilles des pousses d'été remarquablement allongées ; toutes les feuilles creusées en gouttière d'une manière vraiment caractéristique ; tous les pétioles courts.

Fruit gros ou très-gros, cordiforme un peu aigu, bien élargi, largement tronqué et un peu échancré du côté de la queue, s'atténuant assez sensiblement pour se terminer en une pointe un peu aiguë vers le point pistillaire, bien largement convexe par ses joues, bien comprimé sur ses faces, dont l'une est traversée sur sa hauteur par une dépression large et peu creusée, et l'autre par une côte peu saillante et portant la ligne de suture.

Peau un peu ferme, d'abord d'un pourpre clair très-finement pointillé de blanc, puis passant au pourpre intense, et à l'entière maturité, **dernière quinzaine de juin**, au pourpre presque noir. Point pistillaire très-petit, roussâtre, à peine creusé dans la pointe un peu saillante du fruit.

Queue assez longue, assez forte, d'un vert pâle, un peu épaissie à son point d'attache dans une cavité large, peu profonde, évasée, dont les bords s'abaissent un peu, soit du côté du sillon, soit du côté de la ligne de suture.

Chair rougeâtre, ferme, abondante en jus colorant, sucré, un peu vivement acidulé, n'atteignant toute sa saveur qu'à l'extrême maturité et alors constituant un fruit de bonne qualité.

Noyau petit pour le volume du fruit, ovoïde-court, arrondi à son point d'attache à la queue, se terminant brusquement à son autre extrémité en une petite pointe un peu aiguë, à joues peu bombées et largement plissées, soit vers le point d'attache, soit perpendiculairement à la suture ventrale qui est finement saillante ; arête dorsale très-épaisse, peu saillante, très-largement et profondément sillonnée, accompagnée de rainures latérales larges, bien creusées et dont les bords sont vivement taillés.

BIGARREAU PERLE

(PERLKNORPELKIRSCHE)

(BIGARREAU)

[N° 19]

Systematisches Handbuch der Obstkunde. DITTRICH.
Anleitung des besten Obstes. OBERDIECK.
Illustrirtes Handbuch der Obstkunde. JAHN.

OBSERVATIONS. — Ce bigarreau a été obtenu dans la pépinière de Nebrig, près de Leipzig (Saxe). — L'arbre, de vigueur normale, forme une tête sphérique, peu compacte et de moyenne dimension. Variété bien à multiplier dans le verger. Elle est rustique ; sa fertilité est précoce et grande, et son fruit, par sa qualité, sa jolie apparence, sa résistance aux chances du transport, convient bien à la culture de spéculation.

DESCRIPTION.

Rameaux assez peu forts, presque unis dans leur contour, droits, à entre-nœuds assez courts, d'un brun rougeâtre presque entièrement recouvert d'une pellicule gris-de-plomb.

Boutons à bois moyens, conico-ovoïdes, un peu maigres, un peu allongés et un peu aigus, à direction écartée du rameau, soutenus sur des supports un peu saillants dont les côtés et l'arête médiane se prolongent très-peu distinctement ; écailles d'un marron un peu foncé et un peu brillant.

Pousses d'été d'un vert très-clair, à peine ou non lavées de rouge du côté du soleil et peu glutineuses à leur sommet.

Feuilles des pousses d'été grandes, obovales-elliptiques et assez larges, se terminant un peu brusquement en une pointe longue et étroite, peu concaves, bordées de dents assez peu profondes, surdentées et émoussées, assez peu soutenues sur des pétioles courts, peu forts, colorés de rouge clair, glabres, souples et munis de deux glandes presque globuleuses et à peine teintées de rose.

Stipules courtes, fines, un peu élargies à leur base en une oreillette laciniée.

Boutons à fruit moyens, presque ellipsoïdes, peu aigus ou émoussés, réunis sur des dards courts et forts; écailles d'un marron jaunâtre brillant.

Fleurs petites; pétales ovales-élargis, tronqués et largement échancrés à leur sommet, peu concaves, écartés entre eux; divisions du calice moyennes, bien larges, plus ou moins atténuées, plus ou moins obtuses; pédicelles moyens et grêles.

Feuilles des productions fruitières un peu moins grandes que celles des pousses d'été, obovales-elliptiques, allongées et peu larges, se terminant brusquement en une pointe un peu longue, à peine concaves ou presque planes, bordées de dents bien profondes, peu surdentées et aiguës, assez mollement soutenues sur des pétioles courts, peu forts et souples.

Caractère saillant de l'arbre : teinte générale du feuillage d'un vert intense et un peu bleu; feuilles des productions fruitières très-profondément dentées; toutes les feuilles peu concaves ou presque planes; tous les pétioles courts, peu forts et souples.

Fruit moyen, cordiforme-sphérique, assez largement tronqué et à peine échancré du côté de la queue, largement obtus ou même un peu tronqué du côté du point pistillaire, assez convexe par ses joues, peu comprimé sur ses faces, dont l'une est traversée sur sa hauteur par une dépression à peine sensible, et l'autre largement convexe par une ligne de suture peu distincte par sa couleur.

Peau assez mince et cependant un peu ferme, d'abord d'un blanc de porcelaine à peine teinté de rose par places, puis passant à la maturité, **fin de juin et commencement de juillet,** au blanc jaunâtre, transparent, lavé d'un joli rose clair pointillé de jaune sur les parties les mieux éclairées. Point pistillaire d'un brun clair, un peu saillant sur la pointe du fruit.

Queue de moyenne longueur, de moyenne force, attachée dans une cavité très-peu profonde, évasée et dont les bords sont presque réguliers.

Chair blanche, ferme, croquante, abondante en jus incolore, doucement sucré, délicatement relevé, constituant un fruit de première qualité.

Noyau petit pour le volume du fruit, irrégulièrement ovoïde, obliquement coupé à son point d'attache à la queue, s'atténuant assez sensiblement pour se terminer à son autre extrémité en une très-petite pointe placée un peu en dehors de son axe, à joues un peu bombées et largement plissées vers l'arête dorsale; suture ventrale un peu saillante et tranchante; arête dorsale un peu épaisse, bien saillante surtout vers le point d'attache, profondément sillonnée et accompagnée de rainures latérales qui s'élargissent et se creusent du côté de la pointe.

BELLE DE WORSERY

(CERISE)

[N° 20]

Les meilleurs Fruits. DE MORTILLET.

BELLE AUDIGEOISE, BELLE DE WORSERY. *Catalogue* JACQUEMET-BONNEFOND. Annonay.

BELLE DE VOISERY. *Catalogue* ANDRÉ LEROY. Angers.

OBSERVATIONS. — Origine incertaine (1). — L'arbre, de vigueur moyenne, forme une tête conique-renversée et compacte. Il s'accommode assez bien des formes régulières soumises à la taille et surtout de celle de vase. Variété à introduire seulement dans le jardin fruitier d'amateur. Elle est rustique, d'une fertilité assez précoce mais à peine moyenne. Son fruit, d'un véritable mérite, doit être rangé dans la tribu des Dukes anglais; il mûrit après la May-Duke et un peu avant l'Anglaise hâtive.

DESCRIPTION.

Rameaux de moyenne force, unis ou presque unis dans leur contour, bien droits, à entre-nœuds alternativement très-courts et de moyenne longueur, d'un rouge assez vif et en grande partie voilé d'une pellicule gris-de-plomb et épaisse.

Boutons à bois assez petits, ovoïdes, courts, épais, émoussés ou très-courtement aigus, à direction écartée du rameau, soutenus sur des supports très-peu saillants dont les côtés et l'arête médiane ne se prolongent pas ou très-peu distinctement.

(1) Le nom de Belle de Worsery, que nous avons adopté d'après M. de Mortillet, est-il plus correct que celui de Belle de Voisery employé par M. André Leroy, et ce nom indique-t-il une origine anglaise ? Deux questions auxquelles nous n'avons pu trouver une réponse. Quant au synonyme Belle Audigeoise appliqué par M. Jacquemet-Bonnefond, nous en comprenons peu l'opportunité ; car il a déjà été attribué à deux variétés différentes, à la Reine Hortense et à la Belle de Choisy.

Pousses d'été d'un vert pâle, ordinairement non lavées de rouge du côté du soleil et à peine glutineuses à leur extrême sommet.

Feuilles des pousses d'été moyennes, obovales, se terminant très-brusquement en une pointe très-longue et bien étroite, peu concaves, bordées de dents peu profondes, peu surdentées et obtuses, bien soutenues sur des pétioles assez courts, un peu forts, d'un rouge violet, glabres, fermes et un peu redressés.

Stipules courtes, à peine élargies à leur base et dentées sur toute leur longueur.

Boutons à fruit petits, ellipsoïdes, courts, épais et obtus, presque sphériques, réunis très-nombreux sur des dards courts et assez forts; écailles entr'ouvertes, rougeâtres et peu brillantes.

Fleurs petites; pétales largement arrondis, largement et peu profondément échancrés à leur sommet, concaves; divisions du calice peu larges, dentées, un peu aiguës et bien recourbées en dessous; pédicelles de moyenne longueur et très-grêles.

Feuilles des productions fruitières petites, obovales, sensiblement atténuées vers le pétiole et bien élargies vers leur autre extrémité qui se termine brusquement en une pointe courte, concaves, bordées de dents un peu profondes, surdentées et aiguës, soutenues bien horizontalement sur des pétioles de moyenne longueur, assez grêles, fermes et divergents.

Caractère saillant de l'arbre : teinte générale du feuillage d'un vert herbacé assez peu foncé et mat; feuilles des pousses d'été bien longuement acuminées; branches bien érigées, presque perpendiculaires.

Fruit assez gros, sphérique-cordiforme, s'arrondissant bien et à peine échancré du côté de la queue, largement arrondi et un peu échancré vers le point pistillaire, bien convexe par ses joues, un peu comprimé par ses faces dont l'une est traversée sur sa hauteur par une dépression à peine sensible, et l'autre par une ligne de suture de couleur plus foncée, un peu saillante du côté de la queue et se creusant un peu du côté du point pistillaire.

Peau bien fine, bien mince, souple, d'abord d'un rouge jaunâtre, puis passant à la maturité, **milieu et fin de juin,** au pourpre brun. Point pistillaire d'un blanc jaunâtre, placé dans une petite cavité très-peu ouverte du côté de la ligne de suture.

Queue de moyenne longueur, peu forte, attachée dans une cavité étroite, très-peu profonde, dont les bords sont presque de niveau sur toute leur étendue.

Chair veinée de rouge, fine, tendre, fondante, abondante en jus peu colorant, sucré, finement acidulé, agréablement relevé, constituant un fruit de première qualité.

Noyau petit pour le volume du fruit, ovo-ellipsoïde, épais, un peu tronqué à son point d'attache à la queue, régulièrement obtus à son autre extrémité, à joues bien bombées surtout du côté de la pointe et à peine plissées vers le point d'attache; suture ventrale à peine appréciable; arête dorsale épaisse, non saillante, peu profondément sillonnée, accompagnée de rainures latérales un peu larges et un peu creusées.

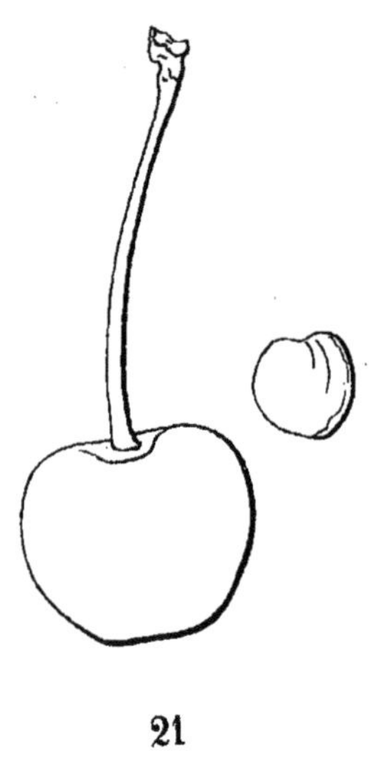

21

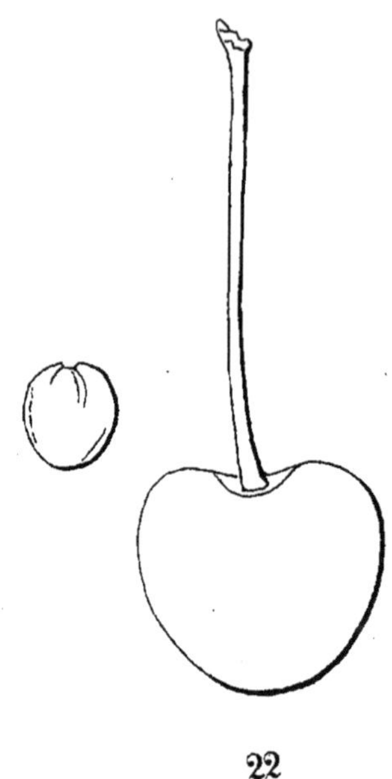

22

23

24

21. ÉPERVIER NOIR.

22. PRINCE DE HANOVRE.

23. AMBRÉE HATIVE.

24. MORELLO HATIF.

ÉPERVIER NOIR

(BLACK HAWK)

(GUIGNE)

[N° 21]

The Fruits and the fruit-trees of America. DOWNING.
The American fruit Culturist. THOMAS.
The Fruit Manual. ROBERT HOGG.

OBSERVATIONS. — Cette variété a été obtenue par le docteur J.-P. Kirtland, de Cleveland, Ohio (Etats-Unis). — L'arbre, de bonne vigueur, forme une tête sphérique, élevée et bien étendue, subdivisant bien régulièrement ses branches et d'une bonne tenue. Variété à multiplier surtout dans le verger. Elle est très-rustique, d'une fertilité précoce et très-grande. Son fruit, par sa consistance assez ferme pour résister au transport, convient très-bien à la culture de spéculation et peut être recherché par l'acheteur pour son excellente qualité.

DESCRIPTION.

Rameaux d'une bonne force bien soutenue jusqu'à leur partie supérieure, unis dans leur contour, droits, à entre-nœuds très-courts, d'un rouge peu foncé et en partie voilé d'une pellicule mince et fendillée.

Boutons à bois moyens, conico-ovoïdes, bien renflés, un peu courts et courtement aigus, à direction écartée du rameau, soutenus sur des supports bien saillants et dont les côtés et l'arête médiane ne se prolongent pas; écailles d'un marron brillant.

Pousses d'été d'un vert pâle, légèrement lavées de rouge brun du côté du soleil, peu glutineuses à leur sommet et couvertes sur presque toute leur longueur d'un duvet très-court et hérissé.

Feuilles des pousses d'été grandes, ovales-allongées et élargies, se terminant régulièrement en une pointe bien recourbée en dessous, peu repliées sur leur nervure médiane et souvent convexes par leurs côtés, bordées de dents larges, peu profondes, souvent surdentées et obtuses, s'abaissant un peu sur des pétioles très-courts, très-forts, peu souples, colorés de rouge vineux, couverts d'un duvet épais, bien hérissé et munis de deux très-grosses glandes réniformes d'un rouge orangé.

Stipules courtes, bien élargies à leur base en une oreillette profondément laciniée.

Boutons à fruit moyens, presque ellipsoïdes, renflés, émoussés ou courtement aigus, réunis nombreux, en bouquets serrés, sur des dards courts et forts ; écailles d'un marron rougeâtre peu foncé et brillant.

Fleurs petites; pétales arrondis, largement échancrés à leur sommet, concaves; divisions du calice assez étroites, finement dentées, obtuses à leur extrémité ; pédicelles longs et très-grêles.

Feuilles des productions fruitières assez grandes, obovales-élargies, se terminant brusquement en une pointe courte et étroite, bien concaves et bien ondulées dans leur contour, bordées de dents peu larges, peu profondes et peu aiguës, assez peu soutenues sur des pétioles courts, un peu forts et un peu souples.

Caractère saillant de l'arbre : teinte générale du feuillage d'un vert très-intense et un peu luisant; feuilles des pousses d'été remarquablement concaves et ondulées dans leur contour; toutes les feuilles plus ou moins élargies; tous les pétioles courts et remarquablement forts.

Fruit moyen ou assez gros, cordiforme-obtus, très-épais et coupé presque carrément sur ses quatre côtés, largement tronqué du côté de la queue et tronqué sur une bien plus petite étendue du côté du point pistillaire, très-peu convexe par ses joues, à peine comprimé sur ses faces dont l'une est traversée par un sillon très-peu prononcé, et l'autre par une ligne de suture portée sur une côte peu saillante.

Peau fine et cependant résistante, d'abord d'un pourpre intense, puis passant à la maturité, **milieu de juin,** au pourpre violet presque entièrement noir. Point pistillaire blanc, attaché dans une dépression peu profonde, évasée, formée par la pointe tronquée du fruit.

Queue de moyenne longueur et de moyenne force, souvent un peu colorée de rouge du côté du soleil, largement attachée dans une cavité étroite, peu profonde et presque régulière par ses bords.

Chair d'un pourpre des plus intenses, mi-tendre, consistante, abondante en jus bien colorant, richement sucré et parfumé, constituant un fruit de première qualité.

Noyau assez gros pour le volume du fruit, ovo-ellipsoïde court, tronqué à son point d'attache à la queue et se terminant brusquement à son autre extrémité en une petite pointe déjetée de côté, à joues un peu bombées, à peine plissées vers le point d'attache et unies sur le reste de leur surface; suture ventrale à peine appréciable; arête dorsale peu épaisse, peu saillante, finement sillonnée, accompagnée de rainures latérales étroites et très-peu creusées.

PRINCE DE HANOVRE

(KRONPRINZ VON HANNOVER)

(GUIGNE)

[N° 22]

Illustrirtes Handbuch der Obstkunde. OBERDIECK.

OBSERVATIONS. — Cette variété a été obtenue par M. Lieke, pépiniériste et pomologiste zélé, à Hildesheim, et propagée par lui vers 1854. — L'arbre, de vigueur normale, forme une tête élevée, étendue et peu compacte. Variété à introduire dans le verger. Elle est rustique, d'une fertilité précoce et bonne. Son fruit, par son apparence et sa faculté de résistance au transport, convient bien à la culture de spéculation.

DESCRIPTION.

Rameaux de moyenne force, obscurément anguleux dans leur contour, presque droits, à entre-nœuds longs, d'un rouge sanguin très-foncé et à peine voilé d'une pellicule mince du côté du soleil; lenticelles blanches, arrondies, largement et régulièrement espacées et apparentes.

Boutons à bois moyens, conico-ovoïdes, un peu aigus, à direction écartée du rameau, soutenus sur des supports un peu saillants dont l'arête médiane se prolonge peu distinctement; écailles d'un marron rougeâtre brillant.

Pousses d'été d'un vert très-clair un peu teinté de jaune et à peine lavées de rouge du côté du soleil, peu glutineuses à leur sommet.

Feuilles des pousses d'été grandes, ovales ou un peu obovales, un peu élargies et s'atténuant assez régulièrement en une pointe un peu longue et étroite, un peu concaves, bordées de dents assez fines, un peu profondes, surdentées et aiguës, mal soutenues sur des pétioles assez courts, de moyenne force et bien souples, colorés de rouge vif, entièrement glabres et munis de deux glandes réniformes d'un rouge orangé.

Stipules de moyenne longueur, élargies à leur base en une oreillette profondément laciniée.

Boutons à fruit gros, ovoïdes, épais, un peu aigus, réunis en petits bouquets sur des dards courts et assez peu forts; écailles d'un marron rougeâtre foncé et brillant.

Fleurs moyennes; pétales elliptiques, à peine échancrés à leur sommet et finement ondulés dans leur contour; divisions du calice longues, bien larges, bien obtuses à leur extrémité; pédicelles longs et de moyenne force.

Feuilles des productions fruitières bien moins grandes que celles des pousses d'été, régulièrement obovales, se terminant brusquement en une pointe courte et étroite, un peu concaves, bordées de dents fines, peu profondes et aiguës, mal soutenues sur des pétioles de moyenne longueur, grêles et souples.

Caractère saillant de l'arbre : teinte générale du feuillage d'un vert herbacé clair et mat; toutes les feuilles garnies d'une serrature formée de dents plus ou moins aiguës et mollement soutenues sur des pétioles peu forts.

Fruit gros, cordiforme, largement tronqué, échancré et bien épaissi du côté de la queue, s'atténuant ensuite brusquement pour diminuer sensiblement d'épaisseur vers le point pistillaire, largement convexe par ses joues, peu comprimé sur ses faces dont l'une est traversée par un sillon large et prononcé, et l'autre par une côte bien saillante portant une ligne de suture assez distincte.

Peau épaisse, d'abord d'un blanc jaunâtre de l'apparence de la porcelaine, puis passant à la maturité, **derniers jours de mai et premiers jours de juin,** au jaune clair lavé d'un joli rose vif, frais et très-finement pointillé de jaune. Point pistillaire jaunâtre, un peu saillant sur la pointe du fruit.

Queue de moyenne longueur, assez forte, bien épaissie à son point d'attache dans une cavité large, peu profonde, évasée et dont les bords s'abaissent bien du côté du sillon et se relèvent à peine du côté de la ligne de suture.

Chair d'un blanc à peine teinté de jaune, assez consistante, abondante en jus sucré, acidulé, relevé, constituant un fruit de bonne qualité.

Noyau un peu petit pour le volume du fruit, ovo-ellipsoïde, un peu tronqué et échancré à son point d'attache à la queue, largement obtus à son autre extrémité, à joues bien bombées, peu sensiblement plissées obliquement à l'arête dorsale; suture ventrale un peu saillante, finement sillonnée et accompagnée de rainures latérales très-largement et peu profondément creusées.

AMBRÉE HATIVE

(FRÜHE BERNSTEINKIRSCHE)

(BIGARREAU)

[N° 23]

Systematisches Handbuch der Obstkunde. DITTRICH.
Illustrirtes Handbuch der Obstkunde. OBERDIECK.

OBSERVATIONS. — Probablement d'origine allemande. Dittrich dit que Sickler reçut cette variété du sieur Nebrig, de Raschwitz, près de Leipzig, sous le nom de Grosse frühe rothmelirte Bernsteinkirsche ou Grosse Cerise ambrée précoce bariolée de rouge, et qu'il diminua la longueur de cette dénomination en l'appelant Frühbernsteinkirsche. Truchsess semblerait avoir reçu cette variété de la pépinière nationale de Paris sous le nom de Bigarreau d'ambre rouge hâtif. Elle ne doit pas être confondue avec le Bigarreau ambré précoce de Rivers que nous avons déjà décrit. — L'arbre, de vigueur normale, forme une tête conique-renversée, à branches érigées, assez régulières et peu compactes. Variété à multiplier dans le verger. Elle est rustique, d'une fertilité très-précoce et bonne. Son fruit, par sa précocité, sa jolie apparence et sa faculté de résistance au transport, convient bien à la culture de spéculation.

DESCRIPTION.

Rameaux d'un bonne force et bien soutenue jusqu'à leur sommet, unis dans leur contour à leur base, un peu anguleux à leur partie supérieure, bien droits, à entre-nœuds très-inégaux entre eux, d'un brun brillant et à peine teinté de rouge du côté du soleil en partie voilé d'une pellicule mince; lenticelles blanchâtres, larges, arrondies, un peu saillantes et apparentes.

Boutons à bois gros, conico-ovoïdes, allongés et bien aigus, à direction écartée du rameau, soutenus sur des supports peu saillants dont l'arête médiane ne se prolonge pas ou très-obscurément; écailles d'un marron rougeâtre brillant.

Pousses d'été d'un vert pâle, lavées de rouge clair du côté du soleil, bien glutineuses sur une grande longueur à leur sommet.

Feuilles des pousses d'été moyennes, ovales-allongées et étroites, s'atténuant longuement en une pointe très-étroite, repliées sur leur nervure médiane et parfois finement ondulées dans leur contour, bordées de dents assez fines, un peu profondes et un peu aiguës, assez peu soutenues sur des pétioles courts, grêles, un peu souples, d'un rouge vineux clair, presque glabres et munis de deux glandes réniformes d'un rouge orangé ou d'un rouge orangé très-clair.

Stipules un peu longues, peu élargies en une petite oreillette finement dentée.

Boutons à fruit assez petits, ovoïdes un peu renflés et un peu aigus, réunis en bouquets serrés sur des dards très-courts et forts; écailles d'un marron peu foncé et peu brillant.

Fleurs moyennes; pétales obovales-élargis, peu distinctement échancrés à leur sommet, presque planes; divisions du calice longues, étroites, atténuées et aiguës à leur extrémité; pédicelles assez longs et grêles.

Feuilles des productions fruitières moyennes, obovales-allongées, atténuées vers le pétiole et se terminant très-brusquement en une pointe un peu longue et étroite, bien concaves, bordées de dents fines, très-peu profondes et aiguës, assez peu soutenues sur des pétioles courts, grêles et un peu souples.

Caractère saillant de l'arbre : teinte générale du feuillage d'un vert jaune et bien mat; toutes les feuilles longuement et étroitement acuminées.

Fruit gros ou assez gros, cordiforme court et épais, arrondi, à peine tronqué et échancré du côté de la queue, très-largement arrondi du côté du point pistillaire, bien convexe par ses joues, à peine comprimé sur une de ses faces parfois traversée par une dépression à peine appréciable, largement convexe par la face opposée.

Peau ferme, peu souple, sujette à s'éclater, d'abord d'un blanc à peine teinté de jaune, puis passant à la maturité, **premiers jours de juin**, au blanc de porcelaine lavé et taché du côté du soleil d'un rouge cerise clair, strié et ponctué de blanc jaunâtre. Point pistillaire petit, jaunâtre, à peine creusé à fleur de la pointe du fruit ou même souvent un peu saillant.

Queue assez courte, de moyenne force, épaissie à son point d'attache dans une cavité large, très-peu profonde et presque régulière par ses bords.

Chair blanchâtre, ferme, croquante, suffisante en jus richement sucré et relevé, constituant un fruit de première qualité.

Noyau proportionné au volume du fruit, ovo-ellipsoïde, plutôt arrondi que tronqué à son point d'attache à la queue, s'atténuant peu pour se terminer à son autre extrémité en une pointe peu appréciable, à joues assez peu bombées et plissées vers l'arête dorsale; suture ventrale saillante et tranchante; arête dorsale un peu épaisse, peu saillante, largement sillonnée et accompagnée de rainures latérales un peu larges et bien creusées.

MORELLO HATIF

(FRÜHE MORELLE)

(GRIOTTE)

[N° 24]

Illustrirtes Handbuch der Obstkunde. OBERDIECK.
Catalogue JAHN. 1864.

OBSERVATIONS. — Origine incertaine. M. Oberdieck reçut cette variété des pépinières d'Herrnhausen (Hanovre) et sans indication d'origine. La maturité très-précoce de son fruit est cependant un caractère assez tranché pour la faire distinguer des cerises de sa classe. La figure donnée dans le *Illustrirtes Handbuch* représente le fruit beaucoup plus gros que je ne l'ai obtenu jusqu'à présent. Cette différence de volume tient-elle à la nature du sol ou à l'âge de l'arbre? — L'arbre, de vigueur normale, s'accommode peu des formes soumises à la taille. Sa haute tige forme une tête conique-renversée, un peu compacte et de moyenne dimension. Variété à introduire dans le jardin fruitier d'amateur, comme produisant le fruit le plus précoce entre les cerises dites Morello. Cette disposition de maturité hâtive pourrait encore être favorisée par la culture à l'espalier sur lequel ses branches souples s'étendraient facilement.

DESCRIPTION.

Rameaux peu forts, allongés et fluets à leur partie supérieure, unis dans leur contour, presque droits, à entre-nœuds un peu longs, d'un rouge acajou brillant en partie voilé d'une pellicule mince et fendillée; lenticelles d'un blanc jaunâtre, larges, allongées, transversales, peu nombreuses et bien apparentes.

Boutons à bois petits, conico-ovoïdes, émoussés, à direction bien écartée du rameau, soutenus sur des supports peu saillants dont les côtés et l'arête médiane ne se prolongent pas; écailles d'un marron rougeâtre un peu brillant.

Pousses d'été d'un vert clair et vif, un peu glutineuses seulement à leur extrême sommet.

Feuilles des pousses d'été moyennes, obovales-élargies, se terminant très-brusquement en une pointe courte et contournée, à peine repliées sur leur nervure médiane, très-largement ondulées dans leur contour, bordées de dents fines, très-peu profondes, obtuses ou émoussées, bien soutenues sur des pétioles très-courts, grêles, redressés, un peu colorés de rouge violet, le plus souvent dépourvus de glandes qui s'attachent alors à la base du limbe et sont très-petites et globuleuses.

Stipules en alênes courtes, imperceptiblement ciliées.

Boutons à fruit petits, ovo-ellipsoïdes, obtus, peu nombreux sur des dards courts et peu forts ; écailles d'un marron peu foncé et terne.

Fleurs très-petites; pétales elliptiques-élargis, profondément échancrés à leur sommet, concaves, se recouvrant peu entre eux ; divisions du calice de moyenne longueur, étroites, non atténuées et obtuses à leur extrémité; pédicelles courts et grêles.

Feuilles des productions fruitières petites, obovales, plus sensiblement atténuées vers le pétiole que celles des pousses d'été, se terminant brusquement en une pointe large, courte et contournée, à peine repliées sur leur nervure médiane, très-largement ondulées dans leur contour, bordées de dents fines, finement surdentées, moins émoussées ou plus aiguës que celles des feuilles des pousses d'été, bien soutenues sur des pétioles très-courts, très-grêles et dressés.

Caractère saillant de l'arbre : teinte générale du feuillage d'un vert mat; toutes les feuilles brusquement atténuées en une pointe courte et contournée; tous les pétioles très-courts, très-grêles et fermes.

Fruit petit, sphérico-ellipsoïde, à peine échancré sur une très-petite étendue du côté de la queue, un peu plus atténué et largement arrondi du côté du point pistillaire, assez convexe par ses joues, peu comprimé sur ses faces dont l'une est largement convexe, et l'autre, parfois un peu comprimée, est traversée par une ligne de suture finement creusée.

Peau très-mince, très-souple, d'abord d'un pourpre intense, puis passant à la maturité, **premiers jours de juin**, au pourpre presque noir. Point pistillaire petit, blanchâtre, placé dans un très-petit creux presque à fleur de la pointe largement arrondie du fruit.

Queue de moyenne longueur ou assez courte, grêle, d'un vert vif, attachée dans une cavité étroite, peu profonde et dont les bords sont presque réguliers.

Chair d'un pourpre intense et vif, tendre, fondante, abondante en jus colorant, peu sucré, acidulé et relevé d'une légère amertume.

Noyau très-petit, même pour le volume du fruit, ovo-ellipsoïde, court, largement arrondi à son point d'attache à la queue, à peine un peu plus atténué et se terminant en une pointe peu appréciable à son autre extrémité, à joues peu bombées et presque unies dans leur surface ; suture ventrale finement saillante; arête dorsale un peu épaisse, non saillante, non sillonnée et accompagnée de rainures latérales larges et à peine creusées.

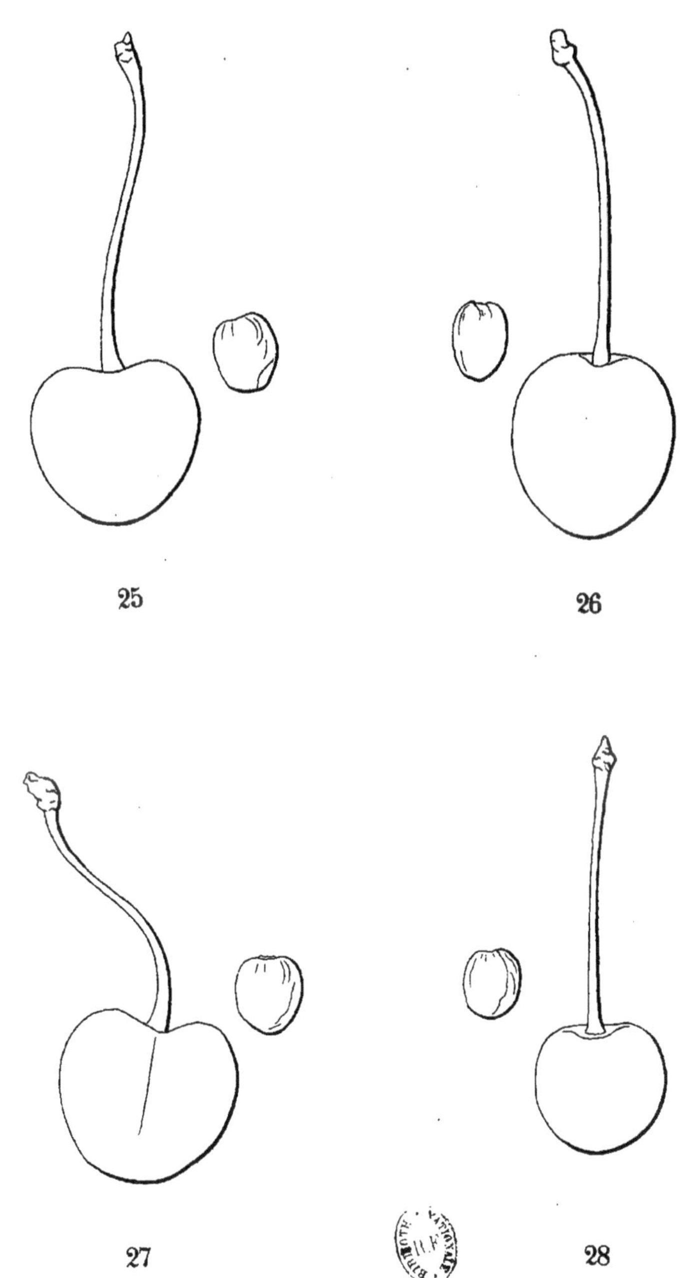

25. GUIGNE ROYALE. 26. GUIGNE PRÉCOCE DE MAI.

27. BIGARREAUTIER A RAMEAUX PENDANTS. 28. CERISE DE SECKBACH.

Peingeon, Del. ——ères, Mâcon.

GUIGNE ROYALE

(KÖNIGLICHE HERZKIRSCHE)

(GUIGNE)

[N° 25]

Illustrirtes Handbuch der Obstkunde. OBERDIECK.

OBSERVATIONS.— Origine inconnue. M. Oberdieck reçut cette variété de la Société d'horticulture de Prague (Bohême), et dit qu'il n'a pas trouvé de renseignements sur son origine dans le Catalogue de cette Société. Il ajoute que jusqu'alors elle n'avait été décrite par aucun pomologiste. — L'arbre, de vigueur normale, forme une tête élevée, de moyenne dimension, dont les branches d'abord érigées se recourbent avec l'âge; il convient seulement en haute tige. Variété à cultiver dans le verger. Elle est rustique. Sa fertilité est seulement moyenne; mais ce défaut est compensé par la qualité de son fruit vraiment savoureux et supportant facilement le transport.

DESCRIPTION.

Rameaux assez forts et dont la force est bien soutenue jusqu'à leur sommet, un peu flexueux, à entre-nœuds de moyenne longueur, d'un brun rougeâtre peu foncé et en partie voilé d'une pellicule mince; lenticelles blanches, assez petites, nombreuses et un peu apparentes.

Boutons à bois assez gros, conico-ovoïdes, allongés et aigus, à direction écartée du rameau, soutenus sur des supports bien saillants dont les côtés et l'arête médiane ne se prolongent pas; écailles d'un marron rougeâtre terne.

Pousses d'été d'un vert pâle, à peine lavées de rouge du côté du soleil et glabres à leur sommet.

Feuilles des pousses d'été moyennes, tantôt ovales, tantôt un peu obovales et alors très-peu atténuées vers le pétiole, se terminant peu brusquement en une pointe peu longue, presque planes ou à peine concaves, bordées de dents doubles, profondes et peu aiguës, retombant mollement sur des pétioles de moyenne longueur, grêles, très-flexibles, d'un rouge vineux, presque glabres et munis de deux glandes réniformes d'un rouge clair.

Stipules longues, bien fines, courtement et finement laciniées à leur base.

Boutons à fruit assez petits, ovoïdes et finement aigus, assez peu nombreux sur des dards très-courts et forts; écailles d'un marron peu foncé et peu brillant.

Fleurs petites ; pétales elliptiques un peu élargis, échancrés à leur sommet, presque planes, se touchant un peu entre eux; divisions du calice de moyenne longueur, bien atténuées et presque aiguës à leur extrémité ; pédicelles un peu longs et grêles.

Feuilles des productions fruitières plus petites que celles des pousses d'été, presque régulièrement ovales, se terminant peu brusquement en une pointe peu longue, un peu concaves, bordées de dents assez fines, souvent doubles, profondes et peu aiguës, mal soutenues sur des pétioles courts, grêles et bien flexibles.

Caractère saillant de l'arbre : teinte générale du feuillage d'un vert intense et mat; tous les pétioles bien flexibles; stipules remarquablement fines et allongées.

Fruit moyen, cordiforme peu allongé et un peu obtus, peu tronqué et un peu échancré du côté de la queue, s'atténuant plus ou moins pour se terminer en une pointe plus ou moins obtuse du côté du point pistillaire, peu comprimé sur ses faces dont l'une est largement convexe ou à peine déprimée par son centre, et l'autre est traversée par une ligne de suture bien distincte par sa couleur plus foncée avant l'entière maturité.

Peau un peu ferme, d'abord d'un pourpre clair, marbré de pourpre plus foncé, puis passant à la maturité, **fin de juin,** au pourpre plus ou moins foncé. Point pistillaire très-petit, peu visible, attaché à l'extrémité de la ligne de suture.

Queue assez longue, peu forte, d'un vert vif, attachée dans une cavité large et profonde dont les bords s'abaissent peu d'un côté et se relèvent à peine du côté opposé.

Chair rougeâtre, un peu ferme, un peu succulente, suffisante en jus sucré et agréablement relevé, constituant un fruit de bonne qualité.

Noyau un peu gros pour le volume du fruit, ovoïde, presque arrondi à son point d'attache à la queue, s'atténuant peu pour se terminer à son autre extrémité en une très-petite pointe, à joues bien bombées, formant un pli accentué le long de l'arête dorsale ; suture ventrale finement saillante et tranchante; arête dorsale peu épaisse, non saillante et formant avec les rainures latérales trois sillons également étroits et peu creusés.

GUIGNE PRÉCOCE DE MAI

(FRÜHE MAIHERZKIRSCHE)

(GUIGNE)

[N° 26]

Systematisches Handbuch der Obstkunde. DITTRICH.
Illustrirtes Handbuch der Obstkunde. OBERDIECK.
Les Meilleurs Fruits. DE MORTILLET.

OBSERVATIONS. — Origine ancienne et inconnue. — L'arbre, de bonne vigueur, forme une tête élevée, d'assez grande dimension, dont les branches allongées s'abaissent avec l'âge. Il ne peut convenir aux formes soumises à la taille. Variété à multiplier dans le verger. Elle est rustique, d'un rapport précoce et riche. Son fruit, par son apparence, par sa qualité et sa grande précocité, convient très-bien à la culture pour la spéculation.

DESCRIPTION.

Rameaux assez forts et dont la force se soutient jusqu'à leur sommet, droits ou presque droits, obscurément anguleux dans leur contour, à entre-nœuds courts, d'un brun rougeâtre presque entièrement voilé par une pellicule plombée.

Boutons à bois moyens ou assez petits, conico-ellipsoïdes, émoussés, à direction écartée du rameau, soutenus sur des supports très-peu saillants dont les côtés et l'arête médiane se prolongent obscurément ; écailles d'un marron peu foncé et brillant.

Pousses d'été d'un vert jaune, bien colorées de rouge brun du côté du soleil, un peu duveteuses et glutineuses à leur sommet.

Feuilles des pousses d'été grandes, obovales-elliptiques, et celles attachées à la partie inférieure des pousses presque elliptiques et bien élargies, se terminant brusquement en une pointe courte, bien concaves ou creusées en gouttière, bordées de dents bien larges, assez peu profondes et un peu émoussées, assez peu soutenues sur des pétioles courts, forts, souples, d'un rouge vineux, duveteux et munis de deux glandes presque globuleuses et d'un rouge groseille.

Stipules longues, fortes, peu élargies à leur base en une oreillette presque entière par ses bords.

Boutons à fruit assez petits, ovoïdes un peu courts, un peu épais et émoussés, réunis en bouquets serrés sur des dards très-courts et forts; écailles d'un marron rougeâtre un peu foncé et un peu brillant.

Fleurs petites, peu ouvertes; pétales elliptiques-élargis, un peu échancrés à leur sommet, peu concaves; divisions du calice longues, étroites, à peine atténuées et obtuses à leur extrémité; pédicelles courts et très-grêles.

Feuilles des productions fruitières presque moyennes, régulièrement obovales, parfois un peu elliptiques, se terminant brusquement en une pointe un peu longue, bien concaves ou creusées en gouttière, bordées de dents fines, très-peu profondes et le plus souvent aiguës, mal soutenues sur des pétioles courts, grêles et souples.

Caractère saillant de l'arbre : teinte générale du feuillage d'un vert vif et très-luisant; tous les pétioles courts; stipules longues et épaisses.

Fruit moyen, cordiforme un peu allongé, peu élargi, un peu tronqué et à peine échancré du côté de la queue, se terminant en une pointe souvent un peu aiguë du côté du point pistillaire, à joues largement convexes, bien comprimé par ses faces dont l'une est traversée par une dépression à peine sensible, et l'autre par une arête un peu saillante et portant une ligne de suture à peine distincte.

Peau fine, mince, d'abord d'un pourpre vif, puis passant à la maturité, **dernière quinzaine de mai,** au pourpre intense teinté de brun. Point pistillaire petit, blanchâtre, un peu creusé dans la pointe du fruit.

Queue de moyenne longueur, de moyenne force, d'un vert décidé, attachée dans une cavité assez large et un peu profonde dont les bords s'abaissent à peine du côté de la dépression formant sillon et se relèvent très-peu du côté de la ligne de suture.

Chair rougeâtre, tendre, abondante en jus sucré, agréablement relevé, rafraîchissant, constituant un fruit de première qualité pour la saison.

Noyau proportionné au volume du fruit, cependant plutôt un peu petit, arrondi à son point d'attache à la queue, se terminant à son autre extrémité en une pointe imperceptible, à joues peu bombées, obliquement plissées le long de l'arête dorsale; suture ventrale finement saillante; arête dorsale peu épaisse, peu saillante, très-finement sillonnée, accompagnée de rainures latérales peu appréciables.

BIGARREAUTIER A RAMEAUX PENDANTS

(GUIGNE)

[N° 27]

Annales de pomologie belge et étrangère. 1856. HENNEAU.
Belgique horticole. Tome VII.

OBSERVATIONS. — Obtenu de semis, dans un jardin des environs de Liège (Belgique). — L'arbre, de vigueur moyenne, forme une tête sphérique, bien déprimée et irrégulière. La mauvaise tenue de ses branches exige l'appui à un treillage, si l'on veut l'élever dans le jardin fruitier. Variété à cultiver surtout dans le verger. Elle est rustique, d'une bonne fertilité. Son fruit, d'assez beau volume, est seulement de seconde qualité.

DESCRIPTION.

Rameaux peu forts et fluets à leur partie supérieure, anguleux dans leur contour, à entre-nœuds longs et un peu inégaux entre eux, verdâtres du côté de l'ombre, d'un brun rougeâtre en partie voilé d'une pellicule d'un gris blanchâtre du côté du soleil.

Boutons à bois moyens, conico-ovoïdes, un peu allongés et aigus, à direction plus ou moins écartée du rameau, soutenus sur des supports saillants dont les côtés et l'arête médiane se prolongent distinctement; écailles d'un marron peu foncé et peu brillant.

Pousses d'été d'un vert très-pâle et à peine lavées de rouge du côté du soleil, glabres et glutineuses à leur sommet.

Feuilles des pousses d'été bien grandes, obovales-allongées et souvent un peu élargies, se terminant brusquement en une pointe courte et un peu large, à peine concaves, bordées de dents larges, surdentées, un peu profondes et émoussées, retombant très-mollement sur des pétioles très-longs, forts et cependant très-souples, d'un rouge vineux intense, glabres et munis de deux glandes réniformes d'un rouge très-foncé, presque noir.

Stipules très-longues et profondément laciniées à leur base.

Boutons à fruit assez petits, conico-ellipsoïdes, émoussés, assez peu nombreux sur des dards courts et un peu forts; écailles d'un marron peu foncé et peu brillant.

Fleurs moyennes ou presque grandes ; pétales elliptiques-arrondis, profondément échancrés à leur sommet, souvent largement ondulés dans leur contour ; divisions du calice peu longues, larges et largement obtuses; pédicelles de moyenne longueur et très-grêles.

Feuilles des productions fruitières moyennes ou assez grandes, les unes obovales-allongées, les autres obovales-élargies, se terminant brusquement en une pointe courte et fine, concaves, bordées de dents bien fines, un peu profondes et aiguës, retombant mollement sur des pétioles longs, forts et souples.

Caractère saillant de l'arbre : teinte générale du feuillage d'un vert clair, vif et bien luisant; ampleur des feuilles des pousses d'été ; tous les pétioles bien longs et bien souples; stipules remarquablement allongées.

Fruit gros, cordiforme, court, épais et bien obtus, largement tronqué et largement échancré du côté de la queue, tronqué et un peu échancré du côté du point pistillaire, à joues bien convexes, un peu comprimé sur ses faces, dont l'une est traversée par un sillon étroit et prononcé, et l'autre par une arête peu saillante portant une ligne de suture un peu distincte par sa couleur plus foncée avant l'entière maturité.

Peau mince, tendre, d'abord d'un pourpre clair et vif, puis passant à la maturité, **milieu de juin,** au pourpre intense. Point pistillaire assez large, blanchâtre, placé dans une dépression un peu échancrée du côté de la suture.

Queue de moyenne longueur, grêle, d'un vert clair, attachée dans une cavité large et profonde dont les bords s'abaissent un peu du côté du sillon et se relèvent à peine du côté de la ligne de suture.

Chair d'un pourpre vif, surtout vers le noyau, tendre, fondante, abondante en jus doux, sucré et peu relevé.

Noyau proportionné au volume du fruit, sphérico-ellipsoïde, épais, largement tronqué à son point d'attache à la queue, un peu tronqué à son autre extrémité surmontée d'une pointe déjetée de côté, à joues bien bombées et un peu plissées seulement vers l'arête dorsale ; suture ventrale très-fine, à peine appréciable; arête dorsale épaisse, saillante, sillonnée sur sa longueur, accompagnée de rainures latérales peu larges et peu creusées.

CERISE DE SECKBACH

(SECKBACHER KIRSCHE)

(BIGARREAU)

[N° 28]

Systematisches Handbuch der Obstkunde. DITTRICH.
DIE SECKBACHER. *Illustrirtes Handbuch der Obstkunde.* OBERDIECK.

OBSERVATIONS. — Probablement d'origine allemande et ainsi nommée du village de Seckbach, province de Hanau (Hesse-Electorale), où elle est cultivée dans de grandes proportions. — L'arbre, d'une grande vigueur, forme une tête très-élevée, peu compacte et convenant seulement en haute tige. Variété à cultiver dans le verger de campagne. Elle est des plus rustiques, d'une fertilité précoce et très-grande. Son fruit est petit, mais il est savoureux et d'une longue conservation. Il peut rester attaché à l'arbre, sans s'altérer, jusqu'au moment où il commence à se flétrir.

DESCRIPTION.

Rameaux de moyenne force, presque unis dans leur contour, droits, à entre-nœuds un peu longs, d'un rouge foncé et intense, un peu voilé d'une pellicule plombée du côté du soleil, jaunâtre et bien épaisse du côté de l'ombre; lenticelles blanches, petites, transversales, peu nombreuses et peu apparentes.

Boutons à bois gros, coniques, un peu renflés et émoussés, à direction bien écartée du rameau, soutenus sur des supports saillants dont les côtés et l'arête médiane se prolongent très-peu distinctement; écailles d'un marron rougeâtre peu foncé et terne.

Pousses d'été d'un vert clair et un peu jaune, bien lavées de rouge vineux du côté du soleil et glutineuses à leur sommet.

Feuilles des pousses d'été moyennes, ovales-allongées, s'atténuant longuement en une pointe très-étroite, creusées en gouttière et ondulées dans leur contour, bordées de dents profondes, peu surdentées et un peu aiguës, assez peu soutenues sur des pétioles courts, peu forts, souples, colorés de rouge violet intense, presque glabres et munis de deux petites glandes presque globuleuses et qui passent au rouge vineux presque noir.

Stipules assez longues, profondément laciniées sur presque toute leur longueur.

Boutons à fruit moyens, ovoïdes, un peu aigus, réunis assez nombreux sur des dards courts et forts; écailles d'un marron rougeâtre clair, brillant et largement bordé de gris blanchâtre.

Fleurs moyennes; pétales ovales-elliptiques, distinctement échancrés à leur sommet, presque planes; divisions du calice longues, bien atténuées et peu obtuses à leur extrémité, bien colorées de rouge vineux ainsi que les pédicelles qui sont longs et de moyenne force.

Feuilles des productions fruitières assez grandes, obovales-élargies, se terminant peu brusquement en une pointe peu longue, à peine concaves et souvent ondulées dans leur contour, bordées de dents profondes et aiguës, peu soutenues sur des pétioles courts, grêles et souples.

Caractère saillant de l'arbre : teinte générale du feuillage d'un vert assez peu foncé et terne; serrature de toutes les feuilles formée de dents profondes et acérées; tous les pétioles courts, peu forts ou grêles, souples et colorés d'un rouge violet intense.

Fruit petit, cordiforme-ellipsoïde, un peu tronqué et insensiblement échancré du côté de la queue, à peine un peu plus atténué, bien obtus ou un peu tronqué du côté du point pistillaire, peu convexe par ses joues, peu comprimé sur ses faces, dont l'une est traversée par une dépression étroite et souvent à peine creusée, et l'autre à peine un peu plus bombée par une ligne de suture inappréciable.

Peau épaisse, ferme, d'abord d'un pourpre noir, puis passant à la maturité, **fin de juin,** au noir violet. Point pistillaire petit, blanchâtre, placé dans un très-petit creux formé par la pointe du fruit.

Queue un peu longue, un peu forte, souvent un peu lavée de rouge du côté du soleil, attachée dans une cavité très-étroite, un peu profonde, dont les bords s'abaissent à peine du côté du sillon et se relèvent de même du côté de la ligne de suture.

Chair d'un pourpre noir, ferme, assez croquante, suffisante en jus très-colorant, sucré, vineux et acidulé, constituant un fruit de bonne qualité.

Noyau gros pour le volume du fruit, ovo-ellipsoïde, arrondi à son point d'attache à la queue, s'atténuant à peine pour se terminer à son autre extrémité en une pointe très-peu saillante, à joues peu bombées, unies et à peine plissées vers le point d'attache; suture ventrale très-fine et peu saillante; arête dorsale épaisse, peu saillante, finement sillonnée sur toute sa longueur, accompagnée de rainures latérales assez larges et peu creusées.

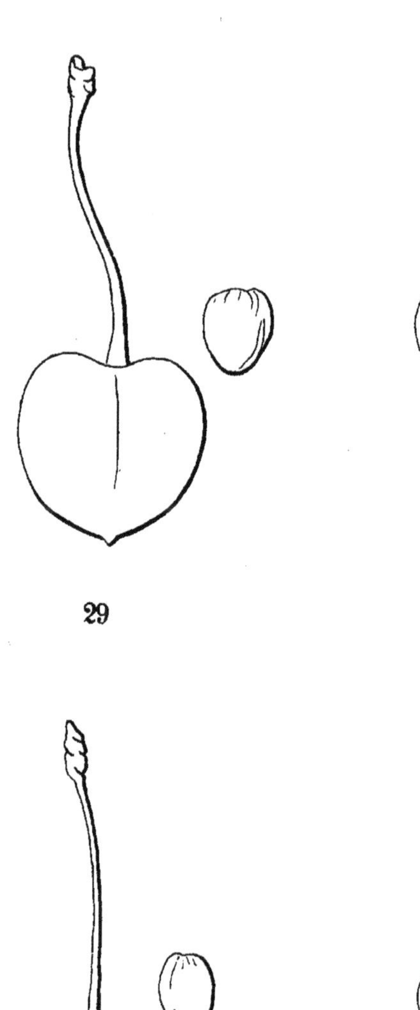
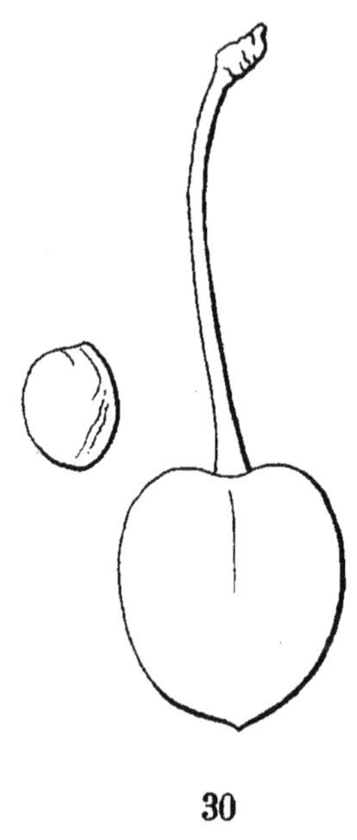

29

30

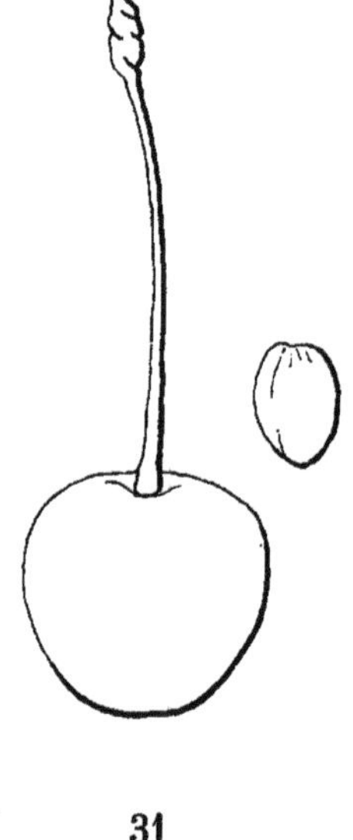

31

32

29. CŒUR-DE-BŒUF.

30. MONSTRUEUSE D'HEDELFINGEN.

31. PONTIAC.

32. CLEVELAND.

'eingeon

Imp. Protat frères, Mâcon.

CŒUR-DE-BŒUF

(OCHSENHERZKIRSCHE)

(GUIGNE)

[N° 29]

Systematisches Handbuch der Obstkunde. Dittrich.
Illustrirtes Handbuch der Obstkunde. Oberdieck.
Abbildungen Würltembergischer Obstsorten. Lucas.
OX-HEART. *The Fruit Manual.* Robert Hogg.
The Fruits and the fruit-trees of America. Downing.
GROSSE GUIGNE NOIRE LUISANTE? (1). *Traité des Arbres fruitiers.* Duhamel.
Les Meilleurs Fruits. De Mortillet.

Observations. — Origine ancienne et incertaine. — L'arbre, de vigueur moyenne, forme une tête régulière, sphérique un peu élevée. Il peut s'accommoder des formes régulières et convient mieux en haute tige. Variété à multiplier surtout dans le verger. Elle est rustique et sa fertilité est seulement moyenne, mais son fruit est d'excellente qualité.

DESCRIPTION.

Rameaux de moyenne force, obscurément anguleux dans leur contour, droits, à entre-nœuds un peu longs, d'un brun rougeâtre en partie voilé d'une pellicule un peu épaisse.

Boutons à bois moyens, conico-ovoïdes, peu aigus, à direction écartée du rameau, soutenus sur des supports un peu saillants dont l'arête médiane se prolonge obscurément; écailles d'un marron rougeâtre foncé et un peu brillant.

(1) J'émets un doute en citant cette dernière synonymie. La description de Duhamel et la figure de M. de Mortillet ne concordent pas assez bien avec celle du fruit de notre variété que nous avons reçue d'Allemagne où, comme le fait remarquer Dittrich, elle porte son nom en raison de sa forme caractéristique. C'est une hésitation qui se reproduit fréquemment lorsqu'il s'agit de variétés anciennes, qui depuis ont pu être reproduites par le semis et avec des caractères plus ou moins semblables à ceux du type primitif.

Pousses d'été d'un vert jaune et terne, presque entièrement lavées d'un rouge très-vif, surtout vers leur sommet qui est glabre et à peine glutineux.

Feuilles des pousses d'été moyennes, obovales, se terminant un peu brusquement en une pointe plus ou moins longue, concaves ou repliées sur leur nervure médiane, bordées de dents peu larges, peu profondes, souvent surdentées et émoussées, mal soutenues sur des pétioles un peu longs, un peu forts, bien souples, d'un rouge vineux intense, à peine duveteux et munis de deux glandes réniformes d'un rouge groseille très-foncé.

Stipules très-longues, élargies à leur base en une oreillette très-profondément et très-finement laciniée.

Boutons à fruit assez petits, conico-ovoïdes, un peu courts, un peu épais et émoussés, réunis assez peu nombreux sur des dards courts et bien forts ; écailles d'un marron rougeâtre brillant et finement bordé de gris argenté.

Fleurs petites ; pétales irrégulièrement elliptiques, élargis, largement et sensiblement échancrés à leur sommet, peu concaves ; divisions du calice de moyenne longueur, larges et obtuses à leur extrémité ; pédicelles assez courts et grêles.

Feuilles des productions fruitières assez petites ou presque moyennes, obovales-élargies ou obovales-elliptiques, se terminant brusquement en une pointe courte, bien concaves, bordées de dents fines, peu profondes et un peu aiguës, assez peu soutenues sur des pétioles de moyenne longueur, de moyenne force et souples.

Caractère saillant de l'arbre : teinte générale du feuillage d'un vert un peu jaune ; pétioles et pousses d'été bien colorés de rouge vif, ainsi que les plus jeunes feuilles.

Fruit moyen ou assez gros, cordiforme un peu allongé, un peu atténué, tronqué et échancré du côté de la queue, plus atténué et se terminant le plus souvent en une pointe aiguë du côté du point pistillaire, à joues largement convexes, un peu comprimé sur ses faces dont l'une est traversée par un sillon étroit et prononcé, et l'autre par une arête saillante portant la ligne de suture.

Peau un peu ferme, d'abord d'un pourpre vif un peu marbré de la même couleur plus foncée, puis passant à la maturité, **fin de juin et commencement de juillet,** au pourpre de sang intense et presque noir. Point pistillaire extraordinairement petit, à peine appréciable, attaché à la pointe du fruit.

Queue de moyenne longueur, de moyenne force, le plus souvent bien colorée de rouge, attachée dans une cavité étroite, profonde, dont les bords s'abaissent un peu du côté du sillon et se relèvent de même du côté de la ligne de suture.

Chair rougeâtre, demi-tendre, succulente, suffisante en jus colorant, doux, sucré et agréablement relevé.

Noyau un peu gros pour le volume du fruit, ovoïde-élargi, arrondi plutôt que tronqué à son point d'attache à la queue, s'atténuant un peu sensiblement à son autre extrémité en une pointe peu appréciable, à joues peu bombées et distinctement plissées vers l'arête dorsale ; suture ventrale saillante et tranchante ; arête dorsale peu épaisse, peu saillante, finement sillonnée, accompagnée de rainures latérales un peu larges et peu creusées.

MONSTRUEUSE D'HEDELFINGEN

(HEDELFINGER RIESENKIRSCHE)

(BIGARREAU)

[N° 30]

Illustrirtes Handbuch der Obstkunde. LUCAS. OBERDIECK.
Abbildungen Württembergischer Obstsorten. LUCAS.

OBSERVATIONS. — Obtenu en Allemagne et probablement depuis une vingtaine d'années. — L'arbre est de vigueur normale sur Sainte-Lucie et, avec quelques soins, il s'accommode assez bien des formes régulières sur ce sujet. Sa haute tige sur merisier forme une tête d'une grande dimension, à branches divergentes et s'étendant au loin. Variété à multiplier surtout dans le verger. Elle est rustique, d'une fertilité moyenne et soutenue. La consistance très-ferme de la chair de son fruit le rend très-propre au transport, et il convient aussi au marché par sa belle apparence. Il est de maturité précoce entre ceux de sa classe. M. Lucas l'a reçue d'Hedelfingen sous le nom de Wahlerkirsche (Cerise de choix), et elle est ainsi appelée dans les pépinières d'Hohenheim.

DESCRIPTION.

Rameaux de moyenne force, unis dans leur contour, un peu flexueux, à entre-nœuds de moyenne longueur, d'un brun rougeâtre intense et voilé d'une pellicule plombée et épaisse.

Boutons à bois assez gros, conico-ovoïdes, allongés et bien aigus, à direction écartée du rameau, soutenus sur des supports un peu saillants dont les côtés et l'arête médiane ne se prolongent pas ; écailles d'un marron rougeâtre clair et brillant.

Pousses d'été d'un vert jaune un peu lavé de rouge pâle du côté du soleil, glabres et glutineuses à leur sommet.

Feuilles des pousses d'été grandes, obovales-élargies et un peu allongées, se terminant brusquement en une pointe assez longue et étroite, creusées en gouttière, bordées de dents un peu profondes et souvent assez aiguës, peu soutenues sur des pétioles de moyenne longueur, de moyenne force, souples, colorés de rouge vineux, à peine duveteux et munis de deux petites glandes globuleuses ou presque globuleuses.

Stipules de moyenne longueur, peu élargies à leur base en une oreillette peu profondément laciniée.

Boutons à fruit assez gros, conico-ovoïdes, aigus, réunis sur des dards courts et forts ; écailles d'un marron rougeâtre clair et brillant.

Fleurs moyennes ou assez grandes ; pétales elliptiques-élargis ou elliptiques-arrondis, peu concaves, se recouvrant bien entre eux ; divisions du calice un peu longues, bien atténuées, aiguës ou presque aiguës à leur extrémité ; pédicelles longs et de moyenne force.

Feuilles des productions fruitières moyennes, obovales-elliptiques, se terminant brusquement en une pointe longue, bien creusées en gouttière, bordées de dents assez fines, un peu profondes et un peu aiguës, assez peu soutenues sur des pétioles de moyenne longueur, de moyenne force et un peu souples.

Caractère saillant de l'arbre : teinte générale du feuillage d'un beau vert vif et brillant; presque toutes les feuilles régulièrement creusées en gouttière et garnies d'une serrature formée de dents plutôt aiguës qu'émoussées.

Fruit gros, cordiforme-allongé et obtus, souvent à peine un peu plus élargi du côté de la queue vers laquelle il est peu largement tronqué et à peine échancré, s'atténuant un peu du côté du point pistillaire pour se terminer en une pointe bien obtuse, à joues très-peu convexes, peu comprimé sur ses faces très-largement et uniformément convexes.

Peau ferme, épaisse, d'abord d'un pourpre assez intense très-finement strié de blanc jaunâtre et sur lequel ressort bien la ligne de suture d'une couleur plus foncée, puis passant à la maturité, **seconde quinzaine de juin,** au pourpre brun très-foncé, presque noir a l'extrême maturité. Point pistillaire petit, blanchâtre, ordinairement un peu saillant sur la pointe du fruit.

Queue longue, assez forte, attachée dans une cavité peu profonde, évasée et dont les bords sont presque horizontaux.

Chair rougeâtre, bien ferme, croquante, peu abondante en jus sucré, agréablement relevé, constituant un fruit de bonne qualité.

Noyau proportionné au volume du fruit, ovo-ellipsoïde, un peu épais, arrondi plutôt que tronqué à son point d'attache à la queue, s'atténuant très-brusquement seulement près de son autre extrémité pour se terminer en une pointe à peine saillante, à joues peu bombées et presque unies dans leur surface; suture ventrale saillante et tranchante; arête dorsale très-épaisse, peu saillante, ordinairement trois fois sillonnée et accompagnée de rainures latérales larges, bien creusées et dont les bords sont vivement taillés.

PONTIAC

(GUIGNE)

[N° 31]

The Fruits and the fruit-trees of America. DOWNING.
The American fruit Culturist. THOMAS.
The Fruit Manual. ROBERT HOGG.

OBSERVATIONS.—Obtenue par le professeur Kirtland, de Cleveland, Ohio (Etats-Unis). M. Oberdieck donne, dans le Tome VI, p. 311 du *Illustrirtes Handbuch*, la description d'un fruit portant le même nom, mais dont la forme diffère tellement de celui que nous représentons que nous n'avons pu conclure à l'identité qui nous aurait décidé à le citer. — L'arbre, d'une très-grande vigueur, étend au loin ses branches pour former une tête de grande dimension et largement sphérique. Variété de grande culture, rustique, d'une très-grande fertilité. Son fruit très-précoce est un des plus excellents de sa classe et de son époque de maturité, et supporte facilement le transport.

DESCRIPTION.

Rameaux de moyenne force, unis dans leur contour, à peine flexueux, à entre-nœuds inégaux entre eux, d'un brun rougeâtre terne en grande partie recouvert d'une pellicule mince, sous laquelle saillissent à peine quelques lenticelles très-rares.

Boutons à bois moyens, ovoïdes, aigus, à direction bien écartée du rameau, soutenus sur des supports assez peu saillants dont les côtés et l'arête médiane ne se prolongent pas; écailles d'un marron brillant et assez peu foncé.

Pousses d'été d'un vert clair un peu teinté de rouge du côté du soleil, bien glabres sur toute leur longueur.

Feuilles des pousses d'été moyennes, ovales, élargies vers leur base, puis s'atténuant sensiblement pour se terminer en une longue pointe, peu concaves ou presque planes, bordées de dents larges, assez peu profondes, souvent simples et émoussées, retombant sur des pétioles un peu longs, forts, flexibles, d'un rouge vineux intense, presque lisses et munis de deux glandes réniformes d'un rouge groseille.

Stipules assez courtes, bien fines, un peu élargies et peu profondément laciniées à leur base.

Boutons à fruit petits, ovoïdes, un peu maigres et un peu aigus, réunis peu nombreux sur des dards courts et un peu forts; écailles d'un marron clair et brillant.

Fleurs petites; pétales remarquablement élargis, sensiblement échancrés à leur sommet, peu concaves; divisions du calice courtes, larges et obtuses; pédicelles un peu longs et bien grêles.

Feuilles des productions fruitières moins grandes que celles des pousses d'été, obovales, très-sensiblement atténuées à leur base et bien élargies vers leur autre extrémité où elles se terminent très-brusquement en une pointe étroite et peu longue, à peine concaves ou presque planes, bordées de dents fines, profondes et un peu aiguës, retombant sur des pétioles de moyenne longueur, de moyenne force et flexibles.

Caractère saillant de l'arbre : teinte générale du feuillage d'un beau vert intense; toutes les feuilles presque planes ou peu concaves; feuilles des pousses d'été très-longuement acuminées.

Fruit moyen ou presque gros, ovoïde-cordiforme, peu largement tronqué du côté de la queue et obtus du côté du point pistillaire, à joues peu convexes, comprimé sur ses deux faces dont l'une est traversée par une dépression à peine appréciable et l'autre par une ligne de suture imperceptible.

Peau un peu ferme et cependant mince, d'abord d'un pourpre vif et uniforme, puis passant à la maturité, **première quinzaine de juin,** au pourpre très-foncé presque noir. Point pistillaire blanchâtre, placé dans une petite cavité ou simplement creusé dans la pointe obtuse du fruit.

Queue un peu longue, grêle, attachée dans une cavité étroite et peu profonde, dont les bords peut-être un peu abaissés du côté de la suture sont cependant presque réguliers.

Chair d'un pourpre intense, tendre et cependant succulente, suffisante en jus bien coloré, sucré, vineux, parfumé, constituant un fruit de toute première qualité.

Noyau petit, ovoïde, peu épais, un peu tronqué à son point d'attache à la queue, se terminant du côté opposé en une pointe imperceptible, à joues peu bombées, unies et traversées seulement par un pli léger parallèle aux bords des rainures; suture ventrale un peu saillante; arête dorsale un peu saillante et tranchante vers le point d'attache, largement sillonnée sur le reste de son étendue; rainures latérales étroites et peu profondes.

CLEVELAND

(BIGARREAU)

[N° 32]

The Fruits and the fruit-trees of America. Downing.
The American fruit Culturist. Thomas.
CLEVELAND BIGARREAU. *The Fruit Manual.* Robert Hogg.
KNORPELKIRSCHE VON CLEVELAND. *Illustrirtes Handbuch der Obstkunde.* Oberdieck.

Observations. — Ce Bigarreau a été obtenu par le professeur Kirtland, de Cleveland, Ohio (Etats-Unis). — L'arbre est d'une très-grande vigueur. Sa véritable destination est la haute tige dont la tête largement sphérique se forme promptement et prodigue bientôt ses récoltes. Variété à multiplier en grande culture et surtout dans les lieux élevés. Elle souffre de la plantation en terrain trop humide où elle laisse tomber ses fruits frappés par le soleil avant leur entière maturité. Son fruit se recommande entre ceux de sa classe par sa grande précocité et sa bonne qualité.

DESCRIPTION.

Rameaux de moyenne force, auguleux dans leur contour, presque droits, d'un rouge clair à l'ombre et d'un rouge violacé foncé du côté du soleil en grande partie recouvert d'une pellicule plombée; lenticelles gris jaunâtre, larges et assez nombreuses.

Boutons à bois gros, conico-ovoïdes, peu aigus, à direction un peu écartée du rameau, soutenus sur des supports bien saillants dont les côtés et l'arête médiane se prolongent bien distinctement; écailles d'un marron rougeâtre peu foncé et bordé de gris.

Pousses d'été d'abord d'un vert pâle, puis entièrement colorées d'un rouge sanguin intense, lisses sur toute leur longueur.

Feuilles des pousses d'été obovales bien allongées, se terminant peu brusquement en une pointe peu longue, à peine concaves, bordées de dents bien régulières, plus ou moins profondes, doubles ou triples, obtuses ou émoussées, retombant un peu sur des pétioles assez longs, forts, flexibles, colorés d'un rouge vineux très-intense, un peu duveteux et munis de deux glandes réniformes d'un beau rouge.

Stipules courtes, bien élargies à leur base en une oreillette laciniée.

Boutons à fruit gros, ellipsoïdes, peu aigus, réunis nombreux et serrés sur des dards extraordinairement courts et épais; écailles d'un marron clair et brillant bordé de gris blanchâtre.

Fleurs bien grandes; pétales très-élargis, largement et profondément échancrés à leur sommet, un peu concaves et frêles; divisions du calice bien larges, obtuses ou arrondies à leur extrémité; pédicelles assez longs, grêles et bien colorés.

Feuilles des productions fruitières moyennes, bien exactement obovales, se terminant brusquement en une pointe courte, bien régulièrement et finement dentées et surdentées, un peu concaves, retombant sur des pétioles de moyenne longueur, de moyenne force et flexibles.

Caractère saillant de l'arbre : teinte générale du feuillage d'un beau vert clair et luisant; toutes les feuilles plutôt concaves que creusées en gouttière et toutes bien régulièrement dentées et surdentées; pétioles des feuilles des productions fruitières d'un rouge des plus vifs.

Fruit gros, sphérico-cordiforme, largement tronqué et un peu échancré du côté de la queue, bien obtus du côté du point pistillaire, à joues bien convexes, un peu comprimé sur une de ses faces traversée par un sillon large et profond, bien convexe par la face opposée traversée par une ligne de suture distincte surtout par sa couleur.

Peau fine, mince, un peu transparente, d'abord d'un blanc jaunâtre, puis se lavant à la maturité, **commencement de juin,** et du côté du soleil d'un léger rouge clair, marbré de rouge un peu plus vif, et la couleur fondamentale ne reste pure que sur les parties entièrement à l'ombre. Point pistillaire blanc jaunâtre, un peu creusé dans la pointe du fruit à peine déprimée et souvent placée en dehors de son axe.

Queue de moyenne longueur, un peu épaissie à son point d'attache dans une cavité large et profonde.

Chair d'un blanc jaunâtre, croquante sans être très-ferme, abondante en jus incolore, bien sucré, relevé d'une saveur réellement rafraîchissante et agréable, constituant un fruit de première qualité.

Noyau petit, presque sphérique, tronqué un peu obliquement à son point d'attache à la queue, arrondi du côté opposé, à joues bien bombées, le plus souvent unies ou à peine plissées; suture ventrale fine et peu saillante; arête dorsale très-épaisse, bien saillante, à peine sillonnée; rainures latérales peu prononcées.

33

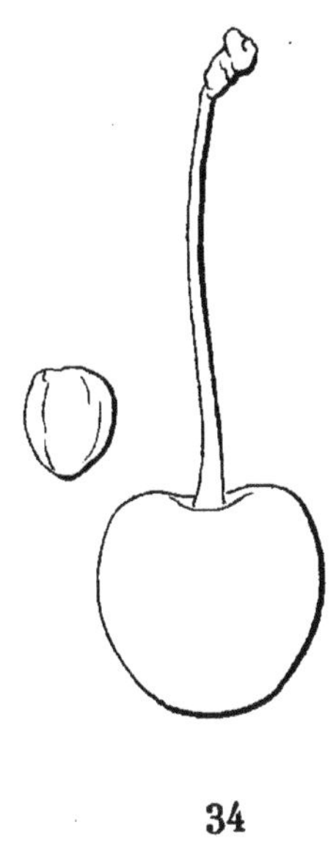

34

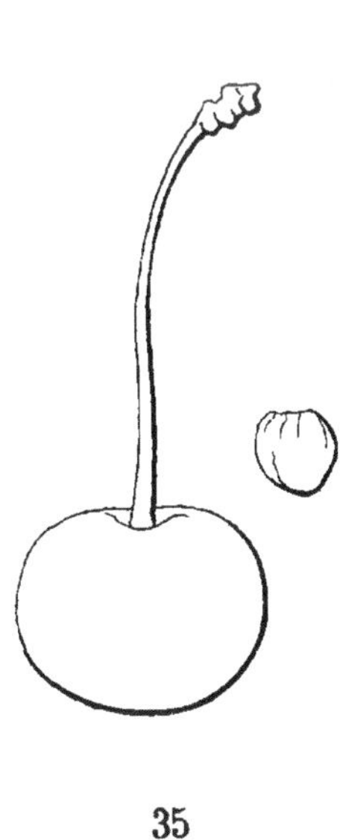

35

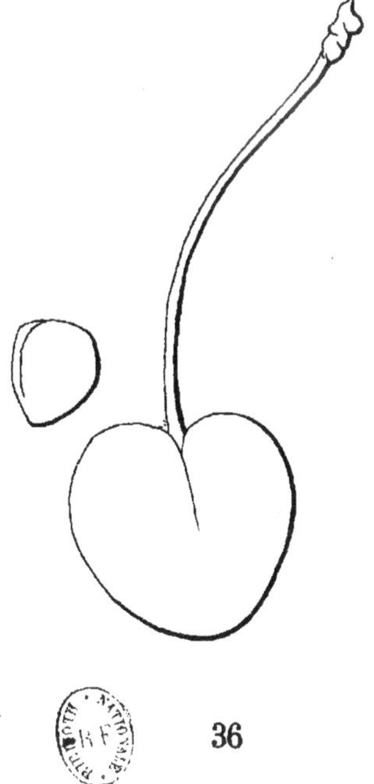

36

33. TECUMSEH.

34. GRIOTTE ACHER.

35. HATIVE DE LOUVAIN.

36. BRANT.

Peingeon, Del.

frères, Mâco

TECUMSEH

(GUIGNE)

[N° 33]

The Fruits and the fruit-trees of America. Downing.
The American fruit Culturist. Thomas.
The Fruit Manual. Robert Hogg.

Observations. — Cette variété a été obtenue par le professeur Kirtland, de Cleveland, Ohio (Etats-Unis). — L'arbre est d'une végétation contenue ; ses rameaux forts et peu allongés donnent à sa tête une attitude de raideur remarquable. Ses branches, d'abord érigées, se subdivisent bientôt en un grand nombre de ramifications régulièrement réparties pour compléter sa forme sphérique élevée. Variété à introduire dans la grande culture. Elle est rustique, d'une très-grande fertilité, et son fruit beau et bon se conservant longtemps sans s'altérer est ainsi très-propre à la spéculation.

DESCRIPTION.

Rameaux forts, droits, unis ou presque unis dans leur contour, à entre-nœuds très-inégaux entre eux, d'un brun rougeâtre sur toute leur longueur, presque entièrement recouverts d'une pellicule épaisse et fendillée sur laquelle saillissent des lenticelles petites et assez nombreuses.

Boutons à bois gros, coniques, épais et émoussés, à direction peu écartée du rameau, soutenus sur des supports saillants dont les côtés et l'arête médiane ne se prolongent pas ; écailles d'un beau marron rougeâtre intense, brillant et très-finement bordé de gris blanchâtre.

Pousses d'été d'un vert pâle à l'ombre, lavées de rouge clair du côté du soleil.

Feuilles des pousses d'été ovales-élargies et allongées, se terminant peu brusquement en une pointe un peu longue, un peu creusées en gouttière et le plus souvent largement ondulées, bordées de dents larges, profondes, plusieurs fois surdentées et émoussées, soutenues presque horizontalement sur des pétioles longs, forts, presque horizontaux, un peu flexibles, presque lisses, d'un rouge vineux intense, et munis de deux glandes réniformes d'un rouge groseille.

Stipules de moyenne longueur, un peu élargies à leur base en une oreillette profondément laciniée.

Boutons à fruit moyens, ellipsoïdes, obtus, réunis très-nombreux en bouquets très-serrés sur des dards très-courts et très-épais ; écailles d'un beau marron très-brillant.

Fleurs petites; pétales extraordinairement élargis, un peu échancrés à leur sommet, peu concaves, se recouvrant bien entre eux; divisions du calice de moyenne longueur, un peu atténuées et bien obtuses à leur extrémité ; pédicelles longs et grêles.

Feuilles des productions fruitières bien moins grandes et plus courtes que celles des pousses d'été, les unes ovales-élargies, les autres un peu obovales, les premières se terminant régulièrement en une pointe courte, les secondes se terminant brusquement en une pointe un peu longue, toutes creusées en gouttière et largement ondulées par leur contour, bordées de dents assez fines, doubles et émoussées, assez peu soutenues sur des pétioles un peu longs, de moyenne force et un peu souples.

Caractère saillant de l'arbre : teinte générale du feuillage d'un vert clair et un peu mat; toutes les feuilles plus ou moins creusées en gouttière et largement ondulées.

Fruit moyen ou presque gros, cordiforme-court et élargi, largement tronqué et échancré du côté de la queue, un peu tronqué du côté du point pistillaire, à joues bien convexes, comprimé sur ses deux faces dont l'une est traversée par une dépression large et peu profonde, et l'autre à peine renflée par une ligne de suture à peine appréciable lorsque la couleur est devenue uniforme à l'entière maturité.

Peau fine, mince, souple, d'abord d'un pourpre intense, puis passant à la maturité, **fin de juin et commencement de juillet,** au pourpre noir et brillant. Point pistillaire blanc, placé dans une très-légère dépression sur la pointe tronquée du fruit.

Queue un peu longue, de moyenne force, attachée dans une cavité peu profonde et un peu évasée.

Chair d'un pourpre des plus intenses, tendre, abondante en jus sucré, acidulé, relevé, constituant un fruit de bonne qualité.

Noyau petit pour le volume du fruit, sphérico-ovoïde, largement arrondi à son point d'attache à la queue, se terminant du côté opposé en une pointe peu appréciable, à joues peu bombées et presque unies; suture ventrale finement saillante; arête dorsale très-épaisse, à peine sillonnée et aplanie, accompagnée de rainures latérales très-larges et peu profondes.

GRIOTTE ACHER

(GRIOTTE)

[N° 34]

Les Meilleurs Fruits. DE MORTILLET.
CERISE ACHER. *Revue horticole.* 1859. FERLET.

OBSERVATIONS. — Originaire des environs d'Yvetot (Seine-Inférieure) (1). — L'arbre, d'une vigueur modérée, s'accommode peu de la taille et ne peut être soumis à une forme régulière qu'appliqué à l'espalier ou au contre-espalier. Sa haute tige forme une tête demi-sphérique, peu compacte et d'une proportion à peine moyenne. Variété à admettre dans le jardin fruitier ou dans le verger d'une certaine étendue. Elle réunit à peu près les mêmes qualités que la Griotte du Nord, et lui est préférée par quelques pomologistes, mais sans des raisons bien suffisantes, à mon avis.

DESCRIPTION.

Rameaux fluets, unis dans leur contour, à peine flexueux ou presque droits, à entre-nœuds très-courts, de couleur rougeâtre et presque entièrement recouverts d'une pellicule d'apparence métallique.

Boutons à bois assez petits, ovoïdes, courts, épais et émoussés, à direction écartée du rameau, soutenus sur des supports très-peu saillants dont les côtés et l'arête médiane ne se prolongent pas; écailles d'un beau marron brillant et finement bordées de gris argenté.

Pousses d'été d'un vert clair, lavées de rouge vineux à leur sommet et sur presque toute leur longueur.

(1) Cette variété fut trouvée par M. Acher, dans une propriété qu'il avait acquise près d'Yvetot. Elle est probablement un semis de hasard de la Griotte du Nord, car le pied-mère s'est élevé à la place où existait auparavant un arbre de cette variété avec laquelle elle a de grands rapports et dont elle se distingue par son fruit plus décidément cordiforme et dont le noyau est plus exactement ovoïde. Ses boutons à fruit sont aussi presque sphériques et entièrement obtus, tandis que ceux de la Griotte du Nord sont un peu aigus.

Feuilles des pousses d'été moyennes, obovales un peu élargies, se terminant brusquement en une pointe peu longue et peu fine, creusées en gouttière, bordées de dents assez fines, peu profondes, souvent doubles, bien obtuses ou arrondies, bien soutenues sur des pétioles très-courts, un peu forts, d'un rouge violacé, presque lisses et munis de deux ou plusieurs grosses glandes réniformes le plus souvent attachées à la base du limbe.

Stipules à peine moyennes, bien vertes, presque lancéolées tellement elles sont peu élargies à leur base, profondément dentées.

Boutons à fruit petits, presque sphériques, réunis un peu nombreux sur des dards plus ou moins courts et grêles ; écailles d'un marron peu foncé et brillant.

Fleurs moyennes; pétales arrondis-élargis, à peine échancrés à leur sommet, un peu concaves, se recouvrant bien entre eux ; divisions du calice de moyenne longueur, larges, largement obtuses et très-finement dentées ; pédicelles de moyenne longueur et un peu grêles.

Feuilles des productions fruitières bien plus petites que celles des pousses d'été, obovales-courtes et bien élargies, se terminant un peu brusquement en une pointe courte et bien obtuse, un peu concaves, bordées de dents assez fines, un peu profondes et bien obtuses, bien soutenues sur des pétioles très-courts, très-grêles et cependant fermes et dressés.

Caractère saillant de l'arbre : teinte générale du feuillage d'un vert foncé et terne; tous les pétioles remarquablement courts; toutes les feuilles bien soutenues.

Fruit moyen ou gros, cordiforme-court et un peu épais ou cordiforme-ellipsoïde, peu tronqué et un peu échancré du côté de la queue, s'atténuant un peu pour se terminer à son autre extrémité en une pointe largement obtuse, à joues plus ou moins convexes, à peine comprimé sur une de ses faces traversée par une ligne de suture qui n'est plus distincte à l'entière maturité, largement convexe par la face opposée.

Peau un peu ferme, d'abord d'un pourpre vif, puis passant au pourpre intense et enfin à l'entière maturité, **courant de juillet,** au pourpre presque noir. Point pistillaire brun, assez large, placé dans un petit creux formé par la pointe du fruit et paraissant un peu en dehors de son axe.

Queue assez courte, grêle, attachée dans une cavité étroite, peu profonde, dont les bords s'abaissent un peu seulement du côté de la ligne de suture.

Chair d'un pourpre intense, assez ferme, suffisante en jus colorant, relevé de l'acide vif et un peu astringent des Cerises de cette classe, entre lesquelles le fruit peut être regardé comme de bonne qualité, surtout s'il est consommé à son extrême maturité.

Noyau un peu coloré, moyen pour le volume du fruit, ovo-ellipsoïde, un peu atténué et peu largement tronqué à son point d'attache à la queue, se terminant brusquement à son autre extrémité en une petite pointe presque imperceptible, à joues régulièrement bombées et unies sur toute leur surface ; suture ventrale fine et peu saillante; arête dorsale épaisse, peu saillante, largement aplanie, finement sillonnée sur toute sa longueur, accompagnée de rainures latérales larges, assez peu profondes et bien régulièrement creusées.

HATIVE DE LOUVAIN

(GRIOTTE)

[N° 35]

Revue horticole. 1870. THOMAS.
Bulletin de la Société Van Mons. 1866.
FRÜHE ENGLISCHE KIRSCHE AUS LÖWEN. *Illustrirtes Handbuch der Obstkunde.* OBERDIECK.
CERISE DE LOUVAIN. *Catalogue* BIVORT. 1851-1852.

OBSERVATIONS. — Le nom de cette variété indique-t-il son origine ? — L'arbre est d'une vigueur trop contenue sur Sainte-Lucie pour en obtenir de grandes formes. Du reste, son bois grêle, sa végétation irrégulière exigent la direction sur un treillage, s'il est élevé dans le jardin fruitier. Sa haute tige forme une tête de petite dimension, sphérique-déprimée et à branches pendantes. Variété à cultiver dans le jardin fruitier, à bonne exposition, afin d'augmenter le mérite de précocité de son fruit, un des premiers dont on puisse jouir entre ceux de sa classe. Elle est rustique, d'une fertilité précoce et soutenue.

DESCRIPTION.

Rameaux grêles, unis dans leur contour, un peu flexueux, à entre-nœuds assez courts, jaunâtres du côté de l'ombre, teintés de rougeâtre du côté du soleil et recouverts d'une pellicule d'apparence métallique et brillante.

Boutons à bois petits, conico-ovoïdes, un peu courts et un peu émoussés, à direction écartée du rameau, soutenus sur des supports un peu saillants dont les côtés et l'arête ne se prolongent pas ; écailles d'un marron rougeâtre foncé et brillant.

Pousses d'été d'un vert pâle, lavées de rouge brun du côté du soleil et bien lisses sur toute leur longueur.

Feuilles des pousses d'été assez petites, un peu obovales, se terminant brusquement en une pointe longue et finement aiguë, creusées en gouttière et parfois un peu arquées, bordées de dents fines, finement et profondément surdentées, bien aiguës, bien soutenues sur des pétioles courts, peu forts, peu flexibles, colorés de rouge vineux et munis de deux glandes réniformes jaunes ou rougeâtres et souvent attachées à la base du limbe.

Stipules courtes, élargies à leur base en une oreillette assez profondément laciniée.

Boutons à fruit petits, ovoïdes, épais et un peu obtus, réunis assez peu nombreux sur des dards courts et peu forts ; écailles d'un marron rougeâtre uniforme et un peu brillant.

Fleurs petites ; pétales obovales-élargis, largement échancrés à leur sommet, à peine concaves ; divisions du calice courtes, larges, brusquement atténuées à leur extrémité et imperceptiblement dentées ; pédicelles assez courts et grêles.

Feuilles des productions fruitières petites, souvent à peine obovales, un peu élargies, se terminant brusquement en une pointe peu longue et étroite, bien concaves ou creusées en gouttière, bordées de dents fines, finement surdentées et finement aiguës, bien soutenues sur des pétioles courts, assez forts et divergents.

Caractère saillant de l'arbre : teinte générale du feuillage d'un vert herbacé peu foncé et terne ; serrature de toutes les feuilles remarquablement acérée ; toutes les feuilles plus ou moins creusées ou concaves.

Fruit moyen ou assez gros, sphérique bien déprimé à ses deux pôles, presque régulièrement convexe dans tout son contour, à joues bien convexes, à peine comprimé sur ses deux faces dont l'une est traversée par une ligne de suture presque inappréciable, et l'autre est presque aussi convexe que les joues.

Peau un peu ferme, un peu transparente, d'abord d'un pourpre vif, puis passant à la maturité, **commencement de juin,** au pourpre intense devenant brun ou presque noir à l'entière maturité. Point pistillaire blanchâtre, placé dans une cavité assez profonde et évasée.

Queue de moyenne longueur, de moyenne force, attachée dans une cavité assez profonde et évasée dont les bords sont presque réguliers.

Chair rougeâtre, fine, tendre, abondante en jus coloré, légèrement sucré, acidulé, rafraîchissant, constituant un fruit d'assez bonne qualité.

Noyau petit pour le volume du fruit, très-adhérant à la queue, presque sphérique, un peu comprimé, largement tronqué à son point d'attache à la queue, largement arrondi et se terminant en une pointe imperceptible à son autre extrémité, à joues un peu bombées et presque unies dans leur surface ; suture ventrale finement saillante et un peu tranchante ; arête dorsale saillante, finement et peu profondément sillonnée, accompagnée de rainures latérales un peu larges et peu profondes.

BRANT

(GUIGNE)

[N° 36]

The Fruits and the fruit-trees of America. DOWNING.
The American fruit Culturist. THOMAS.
The Fruit Manual. ROBERT HOGG.

OBSERVATIONS. — Obtenue par le docteur Kirtland, de Cleveland (Ohio). — L'arbre est très-disposé sur Sainte-Lucie à former de jolis vases d'un établissement facile. Toutefois, sa meilleure destination est la haute tige sur merisier, dont la tête d'une croissance vive est d'un bel aspect par ses branches fortes, bien érigées, et dont les productions fruitières solides s'étagent bien sur toute leur longueur. Variété à introduire dans nos vergers. Elle se recommande par sa belle vigueur, sa rusticité et l'abondance de ses fruits dont la qualité se complète d'une grande précocité de maturité.

DESCRIPTION.

Rameaux extraordinairement forts, presque unis dans leur contour, bien droits, à entre-nœuds courts, d'un rougeâtre peu foncé et en partie recouvert d'une pellicule d'un gris un peu jaunâtre ; lenticelles blanchâtres, peu nombreuses, très-irrégulièrement espacées et apparentes.

Boutons à bois assez gros, conico-ovoïdes, un peu allongés et aigus, à direction peu écartée du rameau, soutenus sur des supports très-peu saillants dont les côtés et l'arête médiane se prolongent très-peu distinctement; écailles d'un beau marron rougeâtre intense.

Pousses d'été d'un vert très-clair, un peu lavées de rouge violacé à leur sommet.

Feuilles des pousses d'été assez grandes, ovales-lancéolées, se terminant régulièrement en une pointe longue et finement aiguë, assez repliées sur leur nervure médiane et non arquées, bordées de dents bien larges, assez peu profondes et peu aiguës, soutenues horizontalement sur des pétioles un peu longs, peu forts, un peu flexibles, d'un rouge vineux, un peu duveteux et munis de deux grosses glandes ovalaires d'un rouge groseille.

Stipules longues, peu élargies à leur base en une oreillette laciniée.

Boutons à fruit moyens ou assez gros, ovoïdes, aigus, réunis nombreux en bouquets très-serrés sur des dards extraordinairement courts et forts; écailles d'un marron clair et bien brillant.

Fleurs petites; pétales obovales, peu larges, sensiblement échancrés à leur sommet; divisions du calice courtes, bien atténuées et aiguës à leur extrémité ; pédicelles de moyenne longueur et très-grêles.

Feuilles des productions fruitières moyennes, obovales un peu élargies, se terminant assez brusquement en une pointe un peu longue et assez effilée, un peu concaves, bordées de dents assez fines, peu profondes et peu aiguës, assez peu soutenues sur des pétioles un peu longs, de moyenne force et un peu flexibles.

Caractère saillant de l'arbre : teinte générale du feuillage d'un beau vert décidé ; tous les pétioles un peu longs et toutefois peu flexibles.

Fruit assez gros, obscurément cordiforme et épais, échancré du côté de la queue, bien obtus du côté du point pistillaire, à joues largement convexes, un peu comprimé sur ses faces dont l'une est traversée par une dépression à peine creusée, et l'autre un peu plus convexe par une ligne de suture qui n'est pas longtemps indiquée par sa couleur plus foncée.

Peau fine, mince, souple, d'abord d'un pourpre vif, puis passant à la maturité, **commencement de juin,** au pourpre intense devenant ensuite presque noir. Point pistillaire petit, blanc, à peine creusé dans la pointe très-obtuse du fruit.

Queue de moyenne longueur, assez grêle, largement attachée dans une cavité étroite, peu profonde, dont les bords s'abaissent peu au point d'arrivée de la ligne de suture.

Chair d'un pourpre intense, fine, tendre, fondante, abondante en jus sucré, très-agréablement relevé, constituant un fruit de première qualité.

Noyau moyen, ovoïde-court, très-largement et à peine obliquement tronqué à son point d'attache à la queue, s'atténuant assez promptement pour se terminer à son autre extrémité en une très-petite pointe, à joues régulièrement bombées et unies sur presque toute leur étendue ; suture ventrale finement saillante ; arête dorsale bien saillante surtout vers le point d'attache, accompagnée de rainures latérales étroites mais cependant bien creusées.

37

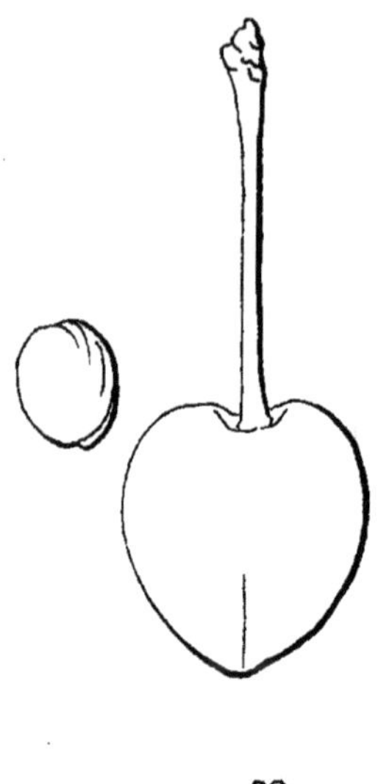

38

39

40

37. BIGARREAU A FEUILLES DE TABAC.

38. CERISE PRINCESSE.

39. GUIGNE DE KRUGER.

40. BIGARREAU NOIR DE LAMPE.

'eingeon,

Imp. Protat frères, Mâcon.

BIGARREAU A FEUILLES DE TABAC

(TOBACCO LEAVED)

(BIGARREAU)

[N° 37]

A Guide to the Orchard. LINDLEY.
The Fruits and the fruit-trees of America. DOWNING.
The Fruit Manual. ROBERT HOGG.
BIGARREAUTIER A GRANDES FEUILLES. *Traité des Fruits.* COUVERCHEL.
Les Meilleurs Fruits. DE MORTILLET.
BIGARREAUTIER TARDIF A GRANDES FEUILLES. *Manuel complet du Jardinier.* NOISETTE.

OBSERVATIONS. — Cette variété est supposée originaire de Russie. — L'arbre, de vigueur moyenne, peu disposé à former une tête régulière, est d'une végétation souvent assez faible dans certains sols. Variété à introduire seulement dans la collection d'amateur. Si elle est curieuse par son feuillage, elle est souvent peu fertile. Son fruit est d'un volume et d'une qualité trop variables pour qu'elle puisse être cultivée pour son produit. Il serait intéressant d'en essayer des semis et d'étudier quelles traces de ses caractères bien tranchés l'on retrouverait dans sa descendance.

DESCRIPTION.

Rameaux forts, courts, presque unis dans leur contour, un peu coudés à leurs entre-nœuds courts, d'un brun rouge en partie recouvert d'une pellicule épaisse un peu jaunâtre ; lenticelles petites, nombreuses, peu apparentes.

Boutons à bois moyens, conico-ovoïdes, peu aigus, à direction écartée du rameau, soutenus sur des supports peu saillants et dont les côtés se prolongent obscurément; écailles d'un marron clair.

Pousses d'été à direction perpendiculaire, d'un vert très-pâle presque blanc.

Feuilles des pousses d'été extraordinairement grandes, ovales-elliptiques, se terminant brusquement en une pointe très-longue, très-déliée et souvent contournée, un peu relevées par leurs bords, légèrement ondulées dans leur contour garni de dents très-larges, écartées, plus ou moins profondes et terminées par une petite pointe courte, retombant mollement sur des pétioles longs, peu colorés et munis de deux glandes ovalaires d'un rouge groseille passant ensuite au noir.

Stipules courtes, accompagnées à leur base d'une oreillette laciniée.

Boutons à fruit petits, ellipsoïdes, presque obtus, réunis sur des dards extrêmement courts et un peu forts ; écailles d'un marron foncé.

Fleurs moyennes ; pétales très-élargis, largement échancrés à leur sommet, à peine concaves ; divisions du calice un peu longues, brusquement atténuées à leur extrémité se terminant en une petite pointe imperceptible ; pédicelles courts, extraordinairement grêles.

Feuilles des productions fruitières un peu moins grandes que celles des pousses d'été, souvent sensiblement atténuées à leur base, se terminant aussi brusquement en une pointe un peu moins longue, bien déliée et contournée en tire-bouchon, planes, bordées de dents moins larges, moins écartées et plus finement aiguës, retombant aussi mollement sur des pétioles longs, peu forts et très flexibles.

Caractère saillant de l'arbre : teinte générale du feuillage d'un vert clair ; ampleur extraordinaire des feuilles et mollesse de leurs pétioles.

Fruit à peine moyen, presque cordiforme, largement tronqué vers la queue où il est échancré en cœur sur un côté plus abaissé que l'autre, se terminant à son autre extrémité par une petite pointe recourbée, un peu comprimé sur une de ses faces traversée par un sillon au fond duquel s'étend une ligne de suture qui devient souvent saillante lorsque le sillon est peu prononcé, largement convexe par la face opposée.

Peau épaisse, ferme, d'abord d'un blanc jaunâtre, puis se couvrant à la maturité, **fin de juillet ou commencement d'août,** d'un léger nuage de rouge qui se disperse en points ou marbrures sur les parties éclairées et se condense quelquefois d'une manière plus uniforme sur le côté directement exposé au soleil. Point pistillaire brun, attaché à un petit mucron qui se recourbe en formant un pli prononcé.

Queue un peu longue, peu forte, attachée dans une cavité peu profonde et évasée.

Chair jaune, ferme, croquante, suffisante en jus incolore, doux, sucré, plus ou moins agréablement parfumé suivant le sol et la saison.

Noyau petit, ovoïde, arrondi du côté de son point d'attache à la queue, se terminant du côté opposé en une petite pointe recourbée ; suture ventrale finement saillante et tranchante ; arête dorsale peu saillante et aplanie, accompagnée de rainures latérales peu prononcées.

CERISE PRINCESSE

(PRINZESS-KIRSCHE)

(GUIGNE)

[N° 38]

Beitrage zum Handbuch über die Obstbaumzucht. Christ.
Systematisches Handbuch der Obstkunde. Dittrich.
Illustrirtes Handbuch der Obstkunde. Jahn.

Observations. — Originaire d'Herrnhausen, château de plaisance près de Hanovre. — L'arbre, de vigueur normale, de croissance modérée, même dans sa jeunesse, est propre aux formes soumises à la taille. Sa haute tige forme une tête de dimension moyenne, à branches d'abord érigées puis s'abaissant par leurs subdivisions. Variété à multiplier dans le jardin fruitier et dans le verger. Elle est rustique, d'une fertilité précoce et grande. Elle ne peut être recommandée à la grande culture de spéculation, son fruit délicat supporte difficilement le transport; mais il est d'une qualité digne d'attirer l'attention du père de famille qui plante pour la consommation du ménage. Le fruit a de grands rapports de ressemblance avec la Cerise Lucien que nous avons décrite précédemment; il est pourtant un peu différent par sa forme et d'une chair plus délicate. Les arbres aussi n'ont pas le même port. Elle ne doit pas non plus être confondue avec la Grosse Princesse ou Bigarreau blanc, Bigarreau de Hollande de quelques auteurs, qui est un Bigarreau à chair très-ferme, tandis que celle-ci est une véritable Guigne.

DESCRIPTION.

Rameaux de moyenne force, presque unis dans leur contour, droits, à entre-nœuds longs, d'un rouge intense en partie voilé d'une pellicule mince du côté du soleil, plus épaisse et jaunâtre du côté de l'ombre; lenticelles blanches, larges, arrondies et bien apparentes.

Boutons à bois assez gros, coniques-allongés, assez maigres et aigus, à direction bien écartée du rameau, soutenus sur des supports peu saillants dont les côtés et l'arête médiane se prolongent très-obscurément ; écailles d'un marron rougeâtre brillant et bordé de gris argenté.

Pousses d'été d'un vert pâle, à peine lavées de rouge terne du côté du soleil et glutineuses à leur sommet.

Feuilles des pousses d'été grandes, ovales bien allongées et quelques-unes vers la partie inférieure des pousses un peu obovales, se terminant peu brusquement en une pointe longue et étroite, repliées sur leur nervure médiane ou un peu concaves, largement ondulées dans leur contour, bordées de dents larges, profondes, peu surdentées et émoussées, mal soutenues sur des pétioles de moyenne longueur, de moyenne force, bien souples, colorés de rouge vineux, à peine duveteux et munis de deux très-grosses glandes réniformes d'un rouge orangé clair et très-vif.

Stipules assez longues, très-fines, élargies à leur base en une oreillette laciniée.

Boutons à fruit assez gros, ovoïdes-allongés, peu renflés et courtement aigus, réunis un peu nombreux sur des dards très-courts et un peu forts ; écailles d'un marron rougeâtre peu foncé, brillant et bordé de gris argenté.

Fleurs petites ; pétales ovales-elliptiques, bien concaves, ondulés et chiffonnés dans leur contour, peu écartés entre eux ; divisions du calice assez courtes, larges, bien atténuées et un peu obtuses à leur extrémité ; pédicelles assez courts et grêles.

Feuilles des productions fruitières moyennes ou assez grandes, obovales-allongées et étroites, longuement et sensiblement atténuées vers le pétiole, se terminant un peu brusquement en une pointe courte, concaves et souvent ondulées dans leur contour, bordées de dents un peu profondes, un peu couchées et un peu émoussées, mal soutenues sur des pétioles longs, grêles et souples.

Caractère saillant de l'arbre : teinte générale du feuillage d'un vert herbacé mat et assez peu foncé ; toutes les feuilles remarquablement allongées, souvent ondulées dans leur contour et plus ou moins pendantes sur leurs pétioles ; feuilles des productions fruitières étroites et très-sensiblement atténuées vers le pétiole.

Fruit moyen ou assez gros, cordiforme-ellipsoïde, cependant un peu plus atténué vers le point pistillaire, échancré sur une petite étendue du côté de la queue, à joues largement et régulièrement convexes, un peu comprimé sur une de ses faces traversée par une dépression peu appréciable, largement et régulièrement convexe par la face opposée traversée par une ligne de suture souvent distincte par sa couleur plus foncée.

Peau fine, mince, souple, un peu transparente, d'abord d'un blanc de porcelaine, puis passant à la maturité, **premiers jours de juin**, au blanc paille et luisant, largement lavé du côté du soleil d'un joli rouge cerise vif, à travers lequel on entrevoit la couleur fondamentale qui lui donne un ton un peu jaune. Point pistillaire roussâtre, ordinairement un peu saillant sur la pointe du fruit.

Queue de moyenne longueur ou un peu courte, un peu forte, d'un vert très-clair, attachée dans une cavité étroite et un peu profonde dont les bords s'abaissent un peu du côté du sillon et se relèvent à peine du côté de la ligne de suture.

Chair blanchâtre, fine, bien tendre, fondante, abondante en jus agréablement sucré et relevé, constituant un fruit de première qualité.

Noyau proportionné au volume du fruit, ovo-ellipsoïde, plutôt arrondi que tronqué à son point d'attache à la queue, largement obtus à son autre extrémité surmontée d'une pointe imperceptible, à joues un peu bombées, une fois et vivement plissées vers l'arête dorsale ; suture ventrale saillante ; arête dorsale épaisse, peu saillante, finement sillonnée et accompagnée de rainures latérales bien creusées.

GUIGNE DE KRUGER

(KRUGERS HERZKIRSCHE)

(GUIGNE)

[N° 39]

Illustrirtes Handbuch der Obstkunde. OBERDIECK.
Les Meilleurs Fruits. DE MORTILLET.
KRUGERS SCHWARZE HERZKIRSCHE. *Systematisches Handbuch der Obstkunde.* DITTRICH.

OBSERVATIONS. — Obtenue à Guben, duché de Saxe, d'où Truchsess la reçut en 1810. — L'arbre, de bonne vigueur aussi bien sur Sainte-Lucie que sur merisier, s'accommode assez bien de la forme pyramidale lorsqu'il est soumis à la taille. Sa véritable destination est la haute tige dont la tête acquiert une grande dimension et dispose ses branches bien régulièrement. Variété à introduire dans le jardin fruitier et surtout dans le verger. Elle est rustique, d'une bonne fertilité et convient à la culture de spéculation. Son fruit, un des plus distingués entre les Guignes, résiste bien au transport par la consistance de sa chair. M. de Mortillet semble soupçonner l'identité de cette variété avec l'Aigle noir. Le fruit de l'Aigle noir est moins gros, sa peau est d'un noir plus décidé, sa queue est plus longue et sa chair plus tendre. L'ampleur du feuillage de la Guigne de Kruger est vraiment remarquable et bien plus développée que sur l'arbre de l'Aigle noir.

DESCRIPTION.

Rameaux très-forts, un peu épaissis à leur sommet, presque unis dans leur contour, droits, à entre-nœuds assez courts, d'un brun jaunâtre à leur partie inférieure, verdâtres à leur partie supérieure, presque entièrement recouverts d'une pellicule épaisse sous laquelle saillissent des lenticelles blanchâtres, larges, nombreuses et apparentes.

Boutons à bois assez petits, coniques, peu aigus, à direction bien écartée du rameau dans lequel ils sont encastrés par leur base, soutenus sur des supports un peu saillants dont les côtés et l'arête médiane se prolongent très-obscurément; écailles d'un marron rougeâtre brillant.

Pousses d'été d'un vert clair un peu teinté de jaune, légèrement lavées de rouge brun du côté du soleil, glabres et glutineuses à leur sommet.

Feuilles des pousses d'été grandes, obovales-elliptiques, se terminant peu brusquement en une pointe longue, bien creusées en gouttière, bordées de dents larges, profondes, surdentées et émoussées, assez bien soutenues sur des pétioles courts, très-forts, peu flexibles, d'un rouge violacé intense, à peine duveteux, munis de deux très-grosses glandes réniformes d'un rouge groseille.

Stipules assez courtes, peu élargies en oreillette à leur base.

Boutons à fruit moyens, conico-ovoïdes, émoussés, réunis nombreux sur des dards courts et épais; écailles d'un marron rougeâtre clair et peu brillant.

Fleurs grandes; pétales arrondis-élargis, à peine échancrés à leur sommet, peu concaves et froncés sur l'onglet, se recouvrant largement entre eux; divisions du calice de moyenne longueur, larges et cependant bien atténuées et aiguës à leur extrémité; pédicelles courts et peu forts.

Feuilles des productions fruitières plus grandes que celles des pousses d'été, obovales-elliptiques et souvent élargies, se terminant brusquement en une pointe courte, un peu ou à peine concaves, bordées de dents peu profondes et peu émoussées, soutenues horizontalement sur des pétioles courts, forts et peu flexibles.

Caractère saillant de l'arbre : teinte générale du feuillage d'un beau vert peu foncé et brillant; ampleur remarquable des feuilles; tous les pétioles courts.

Fruit gros, cordiforme-court et très-obtus, largement tronqué et échancré du côté de la queue, largement obtus à son autre extrémité, à joues largement convexes, assez bien comprimé sur ses faces dont l'une est traversée par une dépression large et peu creusée, et l'autre à peine un peu plus saillante par une ligne de suture un peu distincte par sa couleur plus foncée avant l'entière maturité.

Peau un peu ferme, d'abord d'un pourpre vineux, marbré de la même couleur plus foncée et pointillé de blanc, puis passant à la maturité, **milieu de juin,** au pourpre intense, d'un brun très-foncé plutôt que noir. Point pistillaire petit, blanchâtre, à peine creusé dans la pointe obtuse du fruit.

Queue courte ou très-courte, forte, très-largement attachée dans une cavité peu profonde et bien évasée par ses bords presque horizontaux ou peu échancrés.

Chair d'un pourpre vineux, tendre et cependant succulente, abondante en jus un peu colorant, sucré, agréablement relevé, sans acide, constituant un fruit de première qualité.

Noyau petit pour le volume du fruit, ovo-ellipsoïde et court, un peu obliquement tronqué à son point d'attache à la queue, largement obtus à son autre extrémité, à joues assez bombées et un peu plissées vers le point d'attache à la queue et vers l'arête dorsale; suture ventrale saillante et tranchante; arête dorsale bien épaisse, un peu saillante, largement sillonnée et accompagnée de rainures latérales larges, bien creusées et dont les bords sont vivement taillés.

BIGARREAU NOIR DE LAMPE

(LAMPENS SCHWARZE KNORPELKIRSCHE)

(BIGARREAU)

[N° 40]

Systematisches Handbuch der Obstkunde. DITTRICH.
Illustrirtes Handbuch der Obstkunde. OBERDIECK.

OBSERVATIONS. — Cette variété a été obtenue par la Société de pomologie de Guben, et ainsi appelée du nom de son Directeur. — L'arbre, d'une grande vigueur, est impropre aux formes régulières soumises à la taille. Sa haute tige forme une tête sphérique-déprimée, s'étendant largement. Variété à recommander pour le verger. Sa fertilité est seulement moyenne. Son fruit est beau et de bonne qualité.

DESCRIPTION.

Rameaux forts, obscurément anguleux dans leur contour, droits, à entre-nœuds de moyenne longueur et inégaux entre eux, d'un rouge brun voilé d'une pellicule mince et transparente du côté du soleil, épaisse et jaunâtre du côté de l'ombre; lenticelles jaunâtres, larges, nombreuses et apparentes.

Boutons à bois assez gros, conico-ovoïdes, peu aigus, à direction bien écartée du rameau, soutenus sur des supports un peu saillants dont les côtés et l'arête médiane se prolongent obscurément; écailles d'un marron rougeâtre clair et brillant.

Pousses d'été d'un vert terne et peu foncé, lavées d'un rouge violacé intense du côté du soleil, glabres et un peu glutineuses à leur sommet.

Feuilles des pousses d'été moyennes, obovales-elliptiques et allongées, se terminant un peu brusquement en une pointe un peu longue, concaves, bordées de dents assez larges, peu profondes et un peu obtuses, assez bien soutenues sur des pétioles courts, un peu forts, d'un rouge violacé intense, à peine duveteux, un peu souples et munis de deux glandes réniformes d'un rouge intense et vif.

Stipules de moyenne longueur, élargies à leur base en une oreillette très-finement ciliée.

Boutons à fruit assez gros, ovoïdes, un peu épais, très-peu aigus ou émoussés, réunis très-nombreux en bouquets compacts sur des dards extraordinairement courts et bien forts; écailles d'un marron peu foncé et brillant.

Fleurs grandes, bien ouvertes; pétales elliptiques-élargis, presque planes, froncés sur l'onglet, distinctement échancrés à leur sommet; divisions du calice longues, assez étroites et obtuses; pédicelles assez longs et de moyenne force.

Feuilles des productions fruitières moins grandes que celles des pousses d'été, exactement obovales et peu allongées, se terminant très-brusquement en une pointe courte, concaves, bordées de dents fines, un peu profondes et peu émoussées, assez mal soutenues sur des pétioles assez courts, grêles et un peu flexibles.

Caractère saillant de l'arbre : teinte générale du feuillage d'un beau vert assez intense; tous les pétioles plus ou moins courts et bien colorés de rouge vineux comme les pousses d'été.

Fruit gros, sphérico-cordiforme et bien épais, largement tronqué et à peine échancré du côté de la queue et un peu moins largement du côté du point pistillaire, à joues bien convexes, à peine comprimé sur ses faces dont l'une est traversée par une dépression peu appréciable, et l'autre régulièrement bombée porte une ligne de suture peu distincte.

Peau mince, fine, d'abord d'un pourpre vif marbré et taché de pourpre intense, puis passant à la maturité, **milieu et fin de juin,** au pourpre noir. Point pistillaire noir, peu visible, placé dans une dépression large, assez prononcée et souvent ouverte du côté de la ligne de suture.

Queue de moyenne longueur, un peu forte, souvent un peu teintée de rouge du côté du soleil, attachée dans une cavité large, un peu profonde, évasée par ses bords presque réguliers.

Chair d'un pourpre foncé, demi-tendre, succulente, abondante en jus bien colorant, sucré, relevé et sans acidité.

Noyau bien petit par rapport au volume du fruit, presque sphérique, bien arrondi à son point d'attache à la queue, largement obtus à son autre extrémité, à joues bien bombées, presque entièrement unies sur toute l'étendue de leur surface; suture ventrale fine et peu saillante; arête dorsale bien épaisse, peu saillante, largement sillonnée, accompagnée de rainures latérales larges et assez creusées.

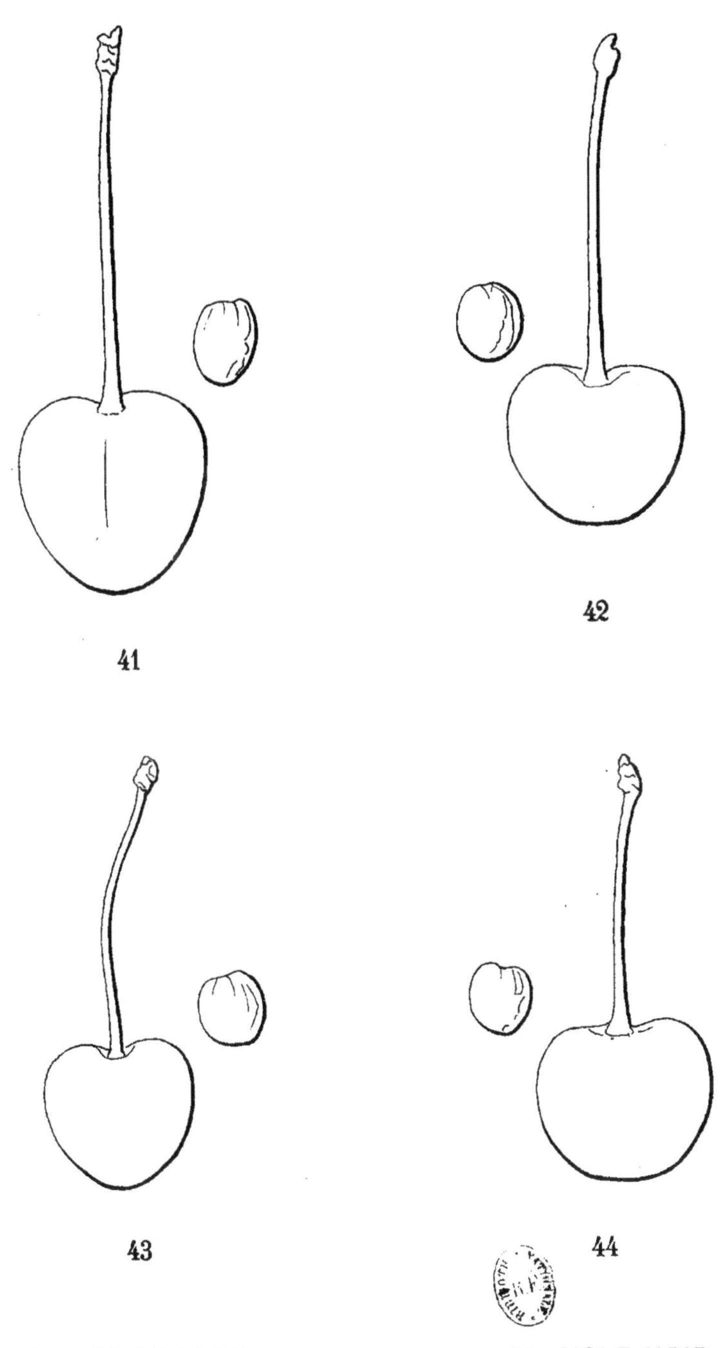

41. CERISE LARD.

42. AIGLE NOIR.

43. NOIRE PRÉCOCE DE KNIGHT.

44. TRIOMPHE DU CUMBERLAND.

CERISE LARD

(SPECKKIRSCHE)

(GUIGNE)

[N° 41]

Systematisches Handbuch der Obstkunde. DITTRICH.
Illustrirtes Handbuch der Obstkunde. JAHN.

OBSERVATIONS. — Probablement d'origine française. — L'arbre, d'une grande vigueur, ne peut s'accommoder des formes régulières soumises à la taille. Sa haute tige forme une tête élevée d'une grande dimension, d'une fertilité précoce et très-grande. Variété à multiplier dans le verger. Elle peut convenir à la spéculation par la bonne apparence de son fruit. J'ai dû, contre l'opinion des auteurs qui la rangent dans la classe des Bigarreaux, la placer dans celle des Guignes, car la chair de son fruit n'est pas assez ferme pour qu'elle appartienne à la première. M. Jahn dit qu'elle fut aussi autrefois cultivée à la Pépinière nationale de Paris sous le nom de Bigarreau du Lard. Pourquoi porte-t-elle un nom aussi bizarre? Il est difficile de l'expliquer.

DESCRIPTION.

Rameaux bien forts, allongés, unis dans leur contour, droits, à entre-nœuds très-longs, d'un jaune verdâtre à l'ombre, d'un brun rougeâtre un peu voilé d'une pellicule mince et fendillée du côté du soleil ; lenticelles blanchâtres, un peu larges, horizontales, assez nombreuses et apparentes.

Boutons à bois moyens ou assez petits, conico-ovoïdes, un peu aigus, à direction écartée du rameau, soutenus sur des supports un peu saillants dont les côtés et l'arête médiane ne se prolongent pas ; écailles d'un marron peu brillant.

Pousses d'été d'un vert terne, bien lavées de rouge vineux du côté du soleil, glabres et un peu glutineuses à leur sommet.

Feuilles des pousses d'été grandes, obovales-elliptiques et élargies, se terminant brusquement en une pointe un peu longue, peu concaves, bordées de dents larges, profondes, le plus souvent simples, plus ou moins obtuses ou émoussées, mal soutenues sur des pétioles longs, forts, souples, colorés de rouge vineux intense, glabres et munis de deux grosses glandes réniformes d'un rouge groseille vif.

Stipules courtes, fines, finement ciliées, peu élargies à leur base en une oreillette finement laciniée.

Boutons à fruit petits, ovoïdes, un peu aigus, réunis assez peu nombreux sur des dards courts et peu forts; écailles d'un marron peu brillant.

Fleurs moyennes; pétales obovales un peu élargis, très-largement et très-peu profondément échancrés à leur sommet, peu concaves; divisions du calice courtes, larges et bien obtuses à leur extrémité; pédicelles longs et grêles.

Feuilles des productions fruitières assez grandes, obovales-elliptiques, se terminant brusquement en une pointe courte, souvent contournées par leur extrémité, peu concaves, bordées de dents peu larges, un peu profondes et émoussées, s'abaissant assez sur des pétioles longs, forts et flexibles.

Caractère saillant de l'arbre: teinte générale du feuillage d'un vert herbacé mat; ampleur des feuilles des pousses d'été, remarquables aussi par leurs dents très-larges; tous les pétioles longs, forts et cependant souples.

Fruit gros, cordiforme-épais et un peu obtus, à peine échancré du côté de la queue et plus ou moins obtus du côté du point pistillaire, un peu comprimé sur ses faces dont l'une largement convexe est traversée sur sa hauteur par une dépression souvent à peine creusée, et l'autre un peu aplatie par une ligne de suture un peu distincte par sa couleur plus foncée.

Peau fine, peu résistante, d'abord d'un blanc à peine teinté de jaune et légèrement lavé de rose clair par places. A la maturité, **dernière quinzaine de juin**, le blanc prend un ton un peu plus jaune et le côté du soleil est largement lavé d'un rose des plus vifs et des plus brillants. Point pistillaire très-petit, jaunâtre, placé dans une dépression très-peu profonde et évasée, formée par la pointe du fruit.

Queue un peu longue, de moyenne force, attachée presque à fleur du fruit dans une cavité très-peu profonde, très-évasée et dont les bords sont presque régulièrement horizontaux.

Chair blanche, tendre, fondante, abondante en jus incolore, doux, sucré, délicatement relevé, constituant un fruit de bonne qualité.

Noyau proportionné au volume du fruit, ovo-ellipsoïde et un peu allongé, largement tronqué à son point d'attache à la queue, un peu obliquement tronqué du côté de sa pointe qui est placée en dehors de son axe, à joues peu bombées et assez sensiblement plissées, soit vers l'arête dorsale, soit perpendiculairement à la suture ventrale; suture ventrale finement saillante et tranchante; arête dorsale peu épaisse, peu saillante, très-largement sillonnée et accompagnée de rainures latérales très-étroites et peu creusées.

AIGLE NOIR

(BLACK EAGLE)

(GUIGNE)

[N° 42]

A Guide to the Orchard. LINDLEY.
The Fruit Manual. ROBERT HOGG.
The Fruits and the fruit-trees of America. DOWNING.
The American fruit Culturist. THOMAS.
Les Meilleurs Fruits. DE MORTILLET.
Revue horticole. 1870. THOMAS.
SCHWARZER ADLER. *Systematisches Handbuch der Obstkunde.* DITTRICH.
Illustrirtes Handbuch der Obstkunde. OBERDIECK.

OBSERVATIONS. — D'après Lindley, cette variété a été obtenue, vers 1806, par Miss Elisabeth Knight, d'un semis du Bigarreau commun fécondé artificiellement par le pollen de la May Duke. — L'arbre, d'une vigueur contenue sur Sainte-Lucie, s'accommode bien sur ce sujet des formes soumises à la taille. Sa haute tige sur merisier forme une tête de moyenne dimension et un peu compacte. Variété à multiplier dans le jardin fruitier et le verger. Sa fertilité est précoce et grande et son fruit est remarquable par sa qualité entre ceux de sa classe.

DESCRIPTION.

Rameaux assez forts, courts, un peu épais, droits, à entre-nœuds courts, d'un jaune verdâtre en partie recouvert d'une pellicule plombée ; lenticelles larges, un peu saillantes sous la pellicule.

Boutons à bois moyens, coniques un peu allongés et peu aigus, à direction un peu écartée du rameau, soutenus sur des supports saillants dont les côtés se prolongent bien distinctement ; écailles d'un marron brillant.

Pousses d'été d'un vert vif, un peu lavées de rouge du côté du soleil, glabres et glutineuses sur une grande partie de leur longueur.

Feuilles des pousses d'été assez grandes, presque elliptiques, se terminant brusquement en une pointe longue et finement aiguë, un peu repliées sur leur nervure médiane plutôt que concaves, bordées de dents un peu larges, profondes et aiguës, assez peu soutenues sur des pétioles peu longs, très-forts, un peu flexibles, colorés de rouge vineux, à peine duveteux, munis de deux très-grosses glandes réniformes d'un rouge foncé.

Stipules longues, un peu fortes, élargies à leur base en une oreillette profondément laciniée.

Boutons à fruit assez petits, conico-ovoïdes, un peu allongés et un peu aigus, réunis peu nombreux sur des dards courts et peu forts ; écailles d'un marron peu foncé et un peu brillant.

Fleurs assez grandes ; pétales elliptiques-arrondis, à peine échancrés à leur sommet, un peu concaves, se recouvrant entre eux ; divisions du calice de moyenne longueur, larges et un peu obtuses ; pédicelles de moyenne longueur et un peu forts.

Feuilles des productions fruitières assez petites, obovales-elliptiques ou presque elliptiques, se terminant brusquement en une pointe courte et finement aiguë, concaves, bordées de dents fines, peu profondes et bien aiguës, assez peu soutenues sur des pétioles un peu courts, grêles et un peu flexibles.

Caractère saillant de l'arbre : teinte générale du feuillage d'un vert vif et brillant ; la plupart des feuilles tendant à la forme elliptique-allongée, bien finement acuminées et garnies d'une serrature formée de dents aiguës.

Fruit moyen, cordiforme-court et très-obtus, largement tronqué et échancré du côté de la queue, moins largement tronqué et un peu échancré du côté du point pistillaire, à joues assez convexes, comprimé sur ses faces dont l'une est traversée par un sillon peu large et plus ou moins creusé et l'autre est, tantôt aplatie, tantôt parcourue sur sa hauteur par une sorte de côte portant la ligne de suture assez distincte par sa couleur plus foncée avant l'entière maturité.

Peau fine, mince, souple, d'abord d'un pourpre vif, puis passant au pourpre intense et enfin à l'entière maturité, **premiers jours de juin**, au pourpre noir. Point pistillaire blanc, placé dans une cavité assez prononcée et un peu échancrée par ses bords.

Queue de moyenne longueur, un peu forte, un peu épaissie à son point d'attache dans une cavité peu large, peu profonde et dont les bords s'abaissent peu sensiblement du côté du sillon et se relèvent à peine du côté de la ligne de suture.

Chair d'un pourpre intense, fine, tendre, abondante en jus bien colorant, doux, sucré, vineux et relevé, constituant un fruit de première qualité.

Noyau petit pour le volume du fruit, ovo-ellipsoïde, largement arrondi à son point d'attache à la queue et largement obtus à son autre extrémité, à joues assez peu bombées, plissées, soit vers la suture ventrale, soit vers l'arête dorsale ; suture ventrale peu appréciable ; arête dorsale peu épaisse, peu saillante, finement sillonnée et accompagnée de rainures latérales étroites et peu creusées.

NOIRE PRÉCOCE DE KNIGHT

(KNIGHT'S EARLY BLACK)

(GUIGNE)

[N° 43]

A Guide to the Orchard. LINDLEY.
The Fruit Manual. ROBERT HOGG.
The Fruits and the fruit-trees of America. DOWNING.
The American fruit Culturist. THOMAS.
Les Meilleurs Fruits. DE MORTILLET.
KNIGHTS FRÜHE HERZKIRSCHE. *Illustrirtes Handbuch der Obstkunde.* OBERDIECK.

OBSERVATIONS. — D'après Lindley, obtenue, vers 1810, par M. Knight, Président de la Société d'horticulture de Londres, d'une fécondation artificielle du Bigarreau commun par la May Duke. — L'arbre est d'une vigueur contenue sur Sainte-Lucie. La disposition de ses branches à se dégarnir facilement de leurs productions fruitières le rend peu propre aux formes régulières. Sa haute tige sur merisier, d'une croissance vive dans sa jeunesse, forme une tête à branches érigées, dont l'essor est bientôt modéré par un rapport des plus riches. Variété à multiplier surtout dans le jardin fruitier. Elle est à recommander à la culture de spéculation pour sa grande fertilité et la qualité de son fruit supportant assez bien le transport.

DESCRIPTION.

Rameaux forts, souvent peu allongés et un peu épaissis à leur sommet, obscurément anguleux dans leur contour, droits, à entre-nœuds longs, bruns du côté de l'ombre, d'un brun rougeâtre et peu voilé d'une pellicule mince du côté du soleil ; lenticelles jaunâtres, elliptiques-transversales, assez nombreuses et un peu apparentes.

Boutons à bois assez gros, coniques un peu allongés et finement aigus, à direction écartée du rameau, soutenus sur des supports un peu saillants dont l'arête médiane se prolonge seule et peu distinctement ; écailles d'un beau marron rougeâtre.

Pousses d'été d'un vert jaune, lavées de rouge terne du côté du soleil et à peine glutineuses à leur sommet.

Feuilles des pousses d'été moyennes, obovales-elliptiques, se terminant très-brusquement en une pointe un peu longue et très-fine, planes ou presque planes, bordées de dents assez fines, un peu profondes, finement surdentées et peu aiguës, s'abaissant sur des pétioles de moyenne longueur, de moyenne force, peu souples, d'un rouge vineux, à peine duveteux et munis de deux glandes réniformes d'un rouge groseille.

Stipules courtes, fines, à peine élargies à leur base en une oreillette seulement dentée.

Boutons à fruit assez petits, conico-ovoïdes, un peu maigres et bien aigus, réunis assez peu nombreux sur des dards un peu longs et peu forts; écailles d'un marron rougeâtre clair et brillant.

Fleurs moyennes ou assez grandes; pétales elliptiques-élargis, largement et assez sensiblement échancrés à leur sommet, peu concaves, se recouvrant un peu entre eux ; divisions du calice assez courtes, bien atténuées et presque aiguës à leur extrémité ; pédicelles longs et un peu forts.

Feuilles des productions fruitières assez petites, obovales-élargies ou obovales-arrondies, se terminant brusquement en une pointe courte et un peu large, un peu concaves, bordées de dents assez profondes, surdentées et le plus souvent obtuses, soutenues horizontalement sur des pétioles courts, de moyenne force et peu souples.

Caractère saillant de l'arbre : teinte générale du feuillage d'un vert jaune et mat ; feuilles des pousses d'été très-brusquement et très-finement acuminées ; pétioles peu souples.

Fruit moyen, cordiforme, obtus et épais, largement tronqué du côté de la queue et un peu tronqué du côté du point pistillaire, un peu convexe par ses joues, peu comprimé sur ses faces dont l'une est traversée par un sillon large et un peu creusé, et la face opposée par une côte saillante surtout sur le milieu de son trajet.

Peau fine et tendre, d'abord d'un pourpre clair, devenant plus intense, puis passant à la maturité, **premiers jours de juin**, au pourpre noir. Point pistillaire large, blanchâtre, placé dans une petite dépression formée par la pointe du fruit.

Queue de moyenne longueur, forte, bien épaissie à son point d'attache dans une cavité large, profonde, dont les bords s'abaissent du côté du sillon et ne se relèvent pas ordinairement du côté de la ligne de suture.

Chair d'un pourpre intense, tendre, abondante en jus colorant, doux, sucré, relevé, délicatement parfumé, constituant un fruit de première qualité.

Noyau proportionné au volume du fruit, ovoïde, court et épais, largement tronqué à son point d'attache à la queue, s'atténuant peu pour se terminer brusquement en une pointe très-courte, à joues bien bombées et sensiblement plissées vers l'arête dorsale ; suture ventrale saillante et un peu tranchante ; arête dorsale peu épaisse, un peu saillante vers le point d'attache à la queue, profondément sillonnée et accompagnée de rainures latérales étroites et peu creusées.

TRIOMPHE DE CUMBERLAND

(TRIUMPH OF CUMBERLAND)

(BIGARREAU)

[N° 44]

The Fruits and the fruit-trees of America. Downing.
CUMBERLAND'S SEEDLING. *The American fruit Culturist.* Thomas.

Observations. — Cette variété est originaire de Carlisle, Comté de Cumberland (Pensylvanie). — L'arbre, d'une vigueur contenue sur Sainte-Lucie, s'accommode bien sur ce sujet des formes régulières et surtout de celle de vase. Sa haute tige sur merisier forme une tête de moyenne dimension, sphérique-déprimée et un peu compacte. Variété à multiplier dans le jardin fruitier aussi bien que dans le verger. Sa fertilité est bonne. Son fruit devient rouge bien longtemps d'avance, mais il faut se garder de le cueillir avant qu'il soit d'un pourpre noir et qu'il ait alors acquis toute son excellence. Downing, qui nous apprend son origine, dit qu'elle porte aussi les noms de Monstrous May, Streets May, Brennemans early.

DESCRIPTION.

Rameaux de moyenne force, très-obscurément anguleux dans leur contour, droits, à entre-nœuds très-courts, d'un rouge jaunâtre clair et en partie voilé d'une pellicule plombée; lenticelles blanchâtres, petites, arrondies et peu nombreuses.

Boutons à bois assez gros, coniques, épais et peu aigus, à direction bien écartée du rameau, soutenus sur des supports renflés dont l'arête médiane se prolonge très-peu distinctement; écailles d'un marron rougeâtre foncé, brillant et largement bordé de gris argenté.

Pousses d'été d'un vert très-clair, peu lavées de rouge du côté du soleil, glabres et un peu glutineuses à leur sommet.

Feuilles des pousses d'été assez grandes, obovales-elliptiques, se terminant très-brusquement en une pointe longue et étroite, peu concaves, bordées de dents profondes, rapprochées et aiguës, mal soutenues sur des pétioles de moyenne longueur, de moyenne force, d'un rouge vineux intense, peu duveteux et munis de deux glandes réniformes d'un rouge groseille très-vif.

Stipules un peu longues, profondément laciniées sur presque toute leur longueur.

Boutons à fruit moyens, ovoïdes, épais, courtement aigus, réunis très-nombreux sur des dards très-courts et forts; écailles d'un marron rougeâtre clair et largement maculé de gris blanchâtre.

Fleurs moyennes ou petites; pétales bien élargis, largement échancrés à leur sommet, peu concaves, se recouvrant bien entre eux; divisions du calice de moyenne longueur, larges et obtuses à leur extrémité; pédicelles de moyenne longueur et grêles.

Feuilles des productions fruitières moyennes, obovales-élargies ou obovales-elliptiques et plus étroites que celles des pousses d'été, se terminant brusquement en une pointe peu longue, peu concaves, bordées de dents fines, profondes et le plus souvent aiguës, assez mal soutenues sur des pétioles de moyenne longueur, de moyenne force et souples.

Caractère saillant de l'arbre : teinte générale du feuillage d'un vert vif et luisant; toutes les feuilles garnies d'une serrature formée de dents le plus souvent aiguës; branches érigées et d'une croissance assez lente.

Fruit gros, cordiforme-élargi, court et bien obtus, largement tronqué et à peine échancré du côté de la queue, très-largement obtus ou même un peu tronqué du côté du point pistillaire, à joues un peu convexes, peu comprimé sur ses faces dont l'une est traversée sur sa hauteur par un sillon étroit et un peu creusé, et l'autre par une arête un peu saillante et portant la ligne de suture.

Peau ferme, un peu épaisse, d'abord d'un pourpre clair, puis passant au pourpre intense, et enfin à la maturité, **fin de juin**, arrivant au pourpre presque noir, très-finement et peu distinctement pointillé de blanchâtre, de manière à prendre une teinte un peu grisâtre. Point pistillaire blanchâtre, placé dans une petite cavité un peu profonde et qui s'ouvre pour laisser pénétrer la ligne de suture.

Queue de moyenne longueur, un peu forte, attachée dans une cavité un peu large, peu profonde et presque régulière par ses bords.

Chair d'un pourpre foncé, ferme, croquante, abondante en jus colorant, sucré, vineux et relevé, constituant un fruit de toute première qualité entre ceux de sa classe.

Noyau petit pour le volume du fruit, ovo-ellipsoïde, un peu déjeté de côté par sa pointe placée en dehors de son axe et à peine tronqué ou presque arrondi à son point d'attache à la queue, à joues un peu bombées et un peu plissées vers l'arête dorsale; suture ventrale très-fine et peu saillante, finement sillonnée sur toute son étendue et accompagnée de rainures latérales étroites et à peine creusées.

45

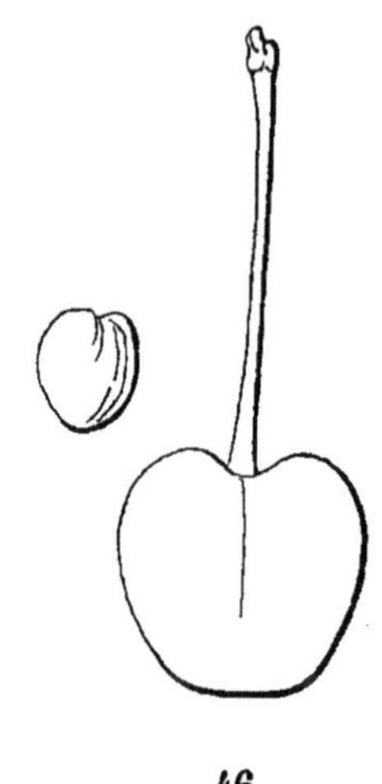

46

47

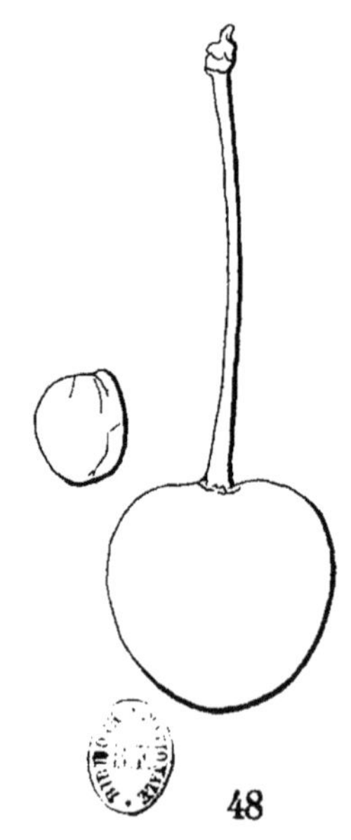

48

45. CERISE D'AOUT D'ERFURT.

46. ROSENOBEL NOIRE DE BUCHARDT.

47. JAUNE DE PRUSSE.

48. KEOKUK.

CERISE D'AOUT D'ERFURT

(ERFURTER AUGUSTKIRSCHE)

(GRIOTTE)

[N° 45]

Handbuch über die Obstbaumzucht. CHRIST.
Systematisches Handbuch der Obstkunde. DITTRICH.
Illustrirtes Handbuch der Obstkunde. OBERDIECK.

OBSERVATIONS. — Cette variété, d'origine allemande, est très-cultivée dans la Thuringe, et surtout aux environs d'Erfurt, d'où elle est probablement originaire. — L'arbre, d'une vigueur contenue sur Sainte-Lucie, s'accommode peu des formes régulières, plus faciles cependant à obtenir en l'appuyant à un treillage sur lequel s'étendent bien ses branches souples. Sa haute tige n'atteint qu'une petite dimension et forme une tête en buisson et un peu compacte. Variété à introduire dans le jardin fruitier et dans le verger. Sa fertilité est seulement moyenne, ses branches se dégarnissant promptement de leurs productions fruitières; aussi serait-il avantageux de lui donner la culture en cépées que nous avons déjà indiquée pour la Griotte d'Ostheim. Son fruit, qui atteint un volume suffisant dans certaines contrées de l'Allemagne, s'est jusqu'à présent montré assez petit dans mon jardin et d'une qualité ordinaire dans sa classe.

DESCRIPTION.

Rameaux grêles, unis dans leur contour, droits, à entre-nœuds courts et inégaux entre eux, d'un rouge peu foncé et voilé d'une pellicule mince; lenticelles blanchâtres, petites, peu nombreuses et peu apparentes.

Boutons à bois assez petits, coniques un peu renflés et émoussés, à direction écartée du rameau, soutenus sur des supports un peu saillants dont les côtés et l'arête médiane ne se prolongent pas; écailles d'un marron rougeâtre clair et largement maculé de gris blanchâtre.

Pousses d'été d'un vert jaune et un peu lavées de rouge brun du côté du soleil.

Feuilles des pousses d'été moyennes, ovales-allongées, se terminant presque régulièrement en une pointe longue, repliées sur leur nervure médiane, souvent largement ondulées dans leur contour, bordées de dents doubles, assez profondes et un peu obtuses, bien soutenues sur des pétioles courts, grêles, redressés, un peu lavés de rouge et glabres; les glandes vertes et ovalaires sont attachées à deux dents situées à la base du limbe.

Stipules longues et profondément laciniées.

Boutons à fruit petits, ovoïdes, peu aigus, réunis assez nombreux sur des dards assez courts et peu forts ; écailles d'un marron rougeâtre clair et mat.

Fleurs petites ; pétales largement arrondis, concaves, très-largement et très-peu profondément échancrés à leur sommet ; divisions du calice assez courtes, bien larges et bien obtuses, dentées dans leur contour ; pédicelles courts et bien grêles.

Feuilles des productions fruitières assez petites, obovales-allongées, se terminant brusquement en une pointe courte et peu aiguë, à peine repliées sur leur nervure médiane, contournées par leur pointe et souvent largement ondulées dans leur contour, bordées de dents fines, souvent doubles, assez profondes et aiguës, assez bien soutenues sur des pétioles courts, grêles, divergents et raides.

Caractère saillant de l'arbre : teinte générale du feuillage d'un vert pré mat ; la plupart des feuilles largement ondulées ; branchage grêle et flexible.

Fruit petit ou presque moyen, sphérico-cordiforme, bien déprimé à ses deux pôles, largement tronqué et à peine ou non échancré du côté de la queue, très-largement arrondi ou même un peu aplati du côté du point pistillaire, bien convexe par ses joues, peu ou à peine comprimé sur ses faces très-largement convexes et dont l'une est traversée par une ligne de suture peu appréciable.

Peau très-mince, très-tendre, d'abord d'un pourpre vif, puis passant à l'entière maturité, **courant et fin de juillet,** au pourpre très-foncé, presque noir. Point pistillaire large, blanchâtre, placé dans une dépression très-peu profonde et très-évasée.

Queue courte ou parfois un peu longue, d'un vert pâle, forte, bien épaissie à son point d'attache dans une cavité très-étroite, très-peu profonde et le plus souvent régulière par ses bords.

Chair d'un pourpre foncé, tendre, fondante, abondante en jus colorant, peu sucré, finement acidulé, constituant un fruit d'assez bonne qualité.

Noyau petit pour le volume du fruit, irrégulièrement sphérique, obliquement coupé à son point d'attache à la queue, largement obtus à son autre extrémité surmontée d'une pointe imperceptible, à joues assez bombées, peu et finement plissées vers l'arête dorsale ; suture ventrale finement saillante; arête dorsale assez peu épaisse, très-saillante du côté du point d'attache, très-finement sillonnée, accompagnée de rainures latérales étroites et peu creusées.

ROSENOBEL NOIRE DE BURCHARDT

(BURCHARDTS SCHWARZE ROSENOBEL)

(GUIGNE)

[N° 46]

Illustrirtes Handbuch der Obstkunde. OBERDIECK.

OBSERVATIONS. — Obtenue par le célèbre pomologiste Burchardt, de Landsberg, sur la Wartha (Bavière). — L'arbre est d'une bonne vigueur, même sur Sainte-Lucie, mais il s'accommode peu des formes régulières. Sa véritable destination est la haute tige sur merisier, formant une tête élevée et de grande dimension. Variété à multiplier dans le verger. Elle est rustique, d'une bonne fertilité, et son fruit, résistant bien aux chances du transport, convient à la culture de spéculation.

DESCRIPTION.

Rameaux forts, unis dans leur contour, bien droits, à entre-nœuds courts ou de moyenne longueur, rougeâtres, en partie voilé d'une pellicule mince et translucide du côté du soleil, plus épaisse du côté de l'ombre; lenticelles blanchâtres, larges, arrondies, assez peu nombreuses et apparentes.

Boutons à bois moyens, ovoïdes un peu allongés, un peu maigres et aigus, réunis assez peu nombreux sur des dards courts et peu forts; écailles d'un marron peu foncé et peu brillant.

Pousses d'été presque entièrement colorées de rouge vineux, glabres et glutineuses à leur sommet.

Feuilles des pousses d'été grandes, obovales-elliptiques, souvent presque régulièrement elliptiques, se terminant un peu brusquement en une pointe courte et finement aiguë, à peine concaves et souvent un peu ondulées dans leur contour, bordées de dents profondes, le plus souvent simples et un peu aiguës, assez peu soutenues sur des pétioles de moyenne longueur, un peu forts, un peu souples, d'un rouge vineux intense, duveteux et munis de deux grosses glandes réniformes d'un rouge groseille intense.

Stipules bien longues et très-profondément laciniées à leur base.

Boutons à fruit moyens, ovoïdes, un peu allongés, un peu maigres et aigus, réunis assez peu nombreux sur des dards courts et peu forts; écailles d'un marron peu foncé et peu brillant.

Fleurs assez petites ou presque moyennes; pétales elliptiques-arrondis, peu échancrés à leur sommet, peu concaves, se touchant entre eux; divisions du calice de moyenne longueur, bien atténuées ou presque aiguës à leur extrémité; pédicelles longs et de moyenne force.

Feuilles des productions fruitières moyennes, obovales ou obovales-elliptiques, se terminant brusquement en une pointe courte et finement aiguë, bien concaves, bordées de dents très-fines, très-peu profondes et aiguës, assez peu soutenues sur des pétioles de moyenne longueur, de moyenne force et un peu souples.

Caractère saillant de l'arbre : feuilles des pousses d'été d'un vert tendre et mat; feuilles des productions fruitières d'un vert plus foncé et terne; pousses d'été et pétioles bien colorés de rouge ; stipules bien longues.

Fruit moyen, cordiforme-obtus, un peu plus épais du côté de la queue que du côté du point pistillaire, un peu tronqué et échancré du côté de la queue, tantôt un peu tronqué, tantôt se terminant très-brusquement en une petite pointe vers le point pistillaire, à joues très-peu convexes, un peu comprimé sur ses faces dont l'une est traversée par un sillon étroit et peu creusé, et l'autre par une arête plus ou moins saillante portant la ligne de suture distincte par sa couleur plus foncée avant l'entière maturité.

Peau un peu ferme, d'abord d'un pourpre dense et prenant graduellement un ton plus foncé pour arriver à la maturité, **premiers jours de juin,** au pourpre violacé, presque noir. Point pistillaire très-petit, peu creusé dans la pointe peu saillante qui termine le fruit.

Queue de moyenne longueur, tantôt plus, tantôt moins forte, souvent bien colorée de rouge du côté du soleil, attachée dans une cavité étroite et un peu profonde dont les bords s'abaissent bien du côté du sillon et se relèvent plus ou moins du côté de la ligne de suture.

Chair d'un pourpre vineux peu foncé, demi-tendre, un peu succulente, abondante en jus un peu colorant, richement sucré et délicatement relevé, constituant un fruit de première qualité.

Noyau petit pour le volume du fruit, sphérico-ovoïde, largement arrondi à son point d'attache à la queue, se terminant brusquement à son autre extrémité en une très-petite pointe, à joues bien bombées et finement plissées du côté de l'arête dorsale; suture ventrale très-peu saillante ; arête dorsale épaisse, non saillante, finement sillonnée et accompagnée de rainures latérales largement et peu profondément creusées.

JAUNE DE PRUSSE

(GUIGNE)

[N° 47]

The Fruits and the fruit-trees of America. DOWNING.

OBSERVATIONS.—Le nom de cette variété indiquerait-il son origine? —L'arbre, de vigueur moyenne, forme une tête demi-sphérique, peu compacte et convient seulement en haute tige. Variété assez intéressante à multiplier. Elle est rustique, d'une bonne fertilité, et son fruit, curieux par sa couleur, peut contribuer à l'ornement du dessert. Il a quelques rapports de ressemblance avec la Guigne jaune dorée mûrissant presque en même temps; son ton général est cependant moins jaune et souvent il est lavé d'une teinte rose très-légère du côté du soleil. Il n'acquiert toute sa qualité qu'à l'entière maturité; consommé plus tôt, il est de nulle valeur.

DESCRIPTION.

Rameaux de moyenne force, unis dans leur contour, droits, à entre-nœuds un peu longs et inégaux entre eux, d'un brun jaunâtre brillant en partie voilé d'une pellicule mince et brillante ; lenticelles blanches, assez petites, assez nombreuses et un peu apparentes.

Boutons à bois assez gros, conico-ovoïdes, peu aigus, à direction écartée du rameau, soutenus sur des supports peu saillants dont les côtés et l'arête médiane ne se prolongent pas ; écailles d'un marron rougeâtre bien clair, un peu brillant et un peu bordé de gris.

Pousses d'été d'un vert clair et un peu jaune, lavées de rouge violet du côté du soleil, glabres et un peu glutineuses à leur sommet.

Feuilles des pousses d'été moyennes, obovales-elliptiques, peu longues et un peu élargies, se terminant brusquement en une pointe courte, un peu concaves, bordées de dents peu profondes, surdentées et bien émoussées, mal soutenues sur des pétioles courts, grêles, bien flexibles, colorés d'un rouge violet très-intense, glabres, munis de deux glandes réniformes d'un rouge intense et vif.

Stipules moyennes, fines et finement laciniées à leur base.

Boutons à fruit moyens, ovo-ellipsoïdes, peu aigus, réunis assez nombreux sur des dards courts et un peu forts ; écailles d'un marron clair et peu brillant.

Fleurs petites ou presque moyennes ; pétales elliptiques-élargis, peu concaves, très-largement et souvent profondément échancrés à leur sommet ; divisions du calice assez courtes, larges, bien obtuses à leur extrémité ; pédicelles assez courts et de moyenne force.

Feuilles des productions fruitières petites, obovales-élargies, se terminant brusquement en une pointe très-courte, bien concaves, bordées de dents bien fines, peu profondes, tantôt émoussées, tantôt presque aiguës, mal soutenues sur des pétioles courts, très-grêles et bien flexibles.

Caractère saillant de l'arbre : teinte générale du feuillage d'un vert clair et vif; tous les pétioles plus ou moins courts et remarquablement grêles; branches souples et pendantes.

Fruit petit, cordiforme peu allongé, épais et obtus, un peu tronqué et presque non échancré du côté de la queue, bien obtus du côté du point pistillaire, à joues peu convexes, peu comprimé sur ses faces dont l'une est largement convexe, et l'autre est traversée par une ligne de suture un peu distincte par sa couleur et parfois légèrement creusée.

Peau ferme, épaisse et cependant devenant un peu transparente à l'entière maturité, d'abord d'un jaune pâle, puis passant à la maturité, **fin de juin,** au jaune un peu plus décidé, lavé d'une légère teinte de rose du côté du soleil et marbré, du côté de l'ombre, de tons blanchâtres produits par la couleur de la chair que l'on entrevoit à travers l'épaisseur de la peau. Point pistillaire très-petit, roussâtre, placé presque à fleur de la pointe du fruit.

Queue d'un vert pâle, de moyenne longueur, un peu forte, épaissie à son point d'attache dans une cavité étroite, très-peu profonde et presque régulière par ses bords.

Chair blanchâtre, bien transparente, tendre, abondante en jus légèrement sucré, un peu acidulé, assez agréable.

Noyau un peu gros pour le volume du fruit, ovo-ellipsoïde, peu allongé, arrondi à son point d'attache à la queue, s'atténuant peu pour se terminer brusquement en une pointe très-courte à son autre extrémité, à joues peu bombées, largement et peu profondément plissées seulement vers l'arête dorsale; suture ventrale saillante et un peu tranchante; arête dorsale peu épaisse, un peu saillante, un peu sillonnée seulement du côté de la pointe vers laquelle ses rainures latérales, d'abord nulles, se creusent étroitement et peu profondément.

KEOKUK

(GUIGNE)

[N° 48]

The Fruits and the fruit-trees of America. Downing.
The American fruit Culturist. Thomas.

Observations. — Obtenue par le professeur Kirtland, de Cleveland (Ohio). Peut-être ainsi nommée de la ville de Keokuk ou Keokuck, située dans l'Etat d'Iowa (Etats-Unis). — L'arbre est d'une grande vigueur, robuste. Sa haute tige forme une tête élevée, de grande dimension. Variété à multiplier dans le verger. Elle est rustique, d'une bonne fertilité. Son fruit doit être consommé à temps, sinon il perd bientôt la plus grande partie de sa saveur.

DESCRIPTION.

Rameaux assez forts, peu allongés et épaissis à leur sommet, obscurément anguleux dans leur contour, bien droits, à entre-nœuds assez longs et inégaux entre eux, jaunâtres, à peine teintés de rouge du côté du soleil et bien recouverts d'une pellicule plombée et épaisse.

Boutons à bois moyens, conico-ovoïdes, renflés, un peu courts et émoussés, à direction écartée du rameau, soutenus sur des supports assez peu saillants dont les côtés se prolongent peu distinctement ; écailles d'un marron rougeâtre un peu foncé et peu brillant.

Pousses d'été d'un vert jaune et terne, lavées de rouge vineux sombre du côté du soleil, glabres et glutineuses à leur sommet.

Feuilles des pousses d'été assez grandes, obovales, parfois un peu élargies, concaves, se terminant brusquement en une pointe longue et large, bordées de dents peu profondes et émoussées, assez peu soutenues sur des pétioles de moyenne longueur, de moyenne force, souples, d'un rouge violet intense, un peu duveteux et munis de deux glandes réniformes d'un rouge groseille un peu foncé.

Stipules un peu longues, profondément laciniées et élargies presque sur la moitié de leur longueur.

Boutons à fruit petits, conico-ovoïdes, émoussés, réunis assez nombreux sur des dards très-courts et peu forts ; écailles d'un marron peu brillant.

Fleurs moyennes ou assez grandes ; pétales elliptiques bien élargis, un peu échancrés à leur sommet, peu concaves, se recouvrant entre eux ; divisions du calice de moyenne longueur, bien larges, un peu atténuées et obtuses à leur extrémité ; pédicelles de moyenne longueur et de moyenne force.

Feuilles des productions fruitières à peine moyennes, tantôt obovales, tantôt presque elliptiques, se terminant peu brusquement en une pointe peu longue, bien concaves, bordées de dents fines, très-peu profondes, souvent surdentées et souvent bien aiguës, mal soutenues sur des pétioles courts, très-grêles et flexibles.

Caractère saillant de l'arbre : teinte générale du feuillage d'un beau vert vif et luisant ; toutes les feuilles régulièrement concaves et bordées d'une serrature peu profonde.

Fruit moyen, cordiforme, court, épais et très-obtus, plutôt arrondi que tronqué et non échancré ou à peine échancré du côté de la queue, largement obtus du côté du point pistillaire, à joues largement convexes, peu comprimé sur ses faces dont l'une est traversée par un sillon étroit et très-peu creusé, et l'autre par une ligne de suture un peu apparente par sa couleur plus foncée avant l'entière maturité et souvent portée sur une arête un peu saillante.

Peau mince, tendre, d'abord d'un pourpre clair, puis passant au pourpre plus foncé, et à l'entière maturité, **fin de juin**, arrivant au pourpre brun intense. Point pistillaire très-petit et à peine creusé dans la pointe du fruit.

Queue de moyenne longueur, un peu forte, épaissie au point où elle s'attache presque à fleur du fruit.

Chair d'un pourpre intense, un peu tendre et cependant succulente, suffisante en jus bien colorant, doux, sucré, peu relevé, constituant un fruit seulement de seconde qualité.

Noyau proportionné au volume du fruit, ovoïde un peu court et un peu épais, arrondi ou à peine tronqué à son point d'attache à la queue, s'atténuant un peu à son autre extrémité pour se terminer en une pointe obtuse, à joues assez bombées et presque unies dans leur surface ; suture ventrale un peu saillante et tranchante ; arête dorsale épaisse, souvent plutôt comprimée que saillante et sillonnée sur une partie de sa longueur, accompagnée de rainures latérales larges et bien creusées surtout du côté de la pointe.

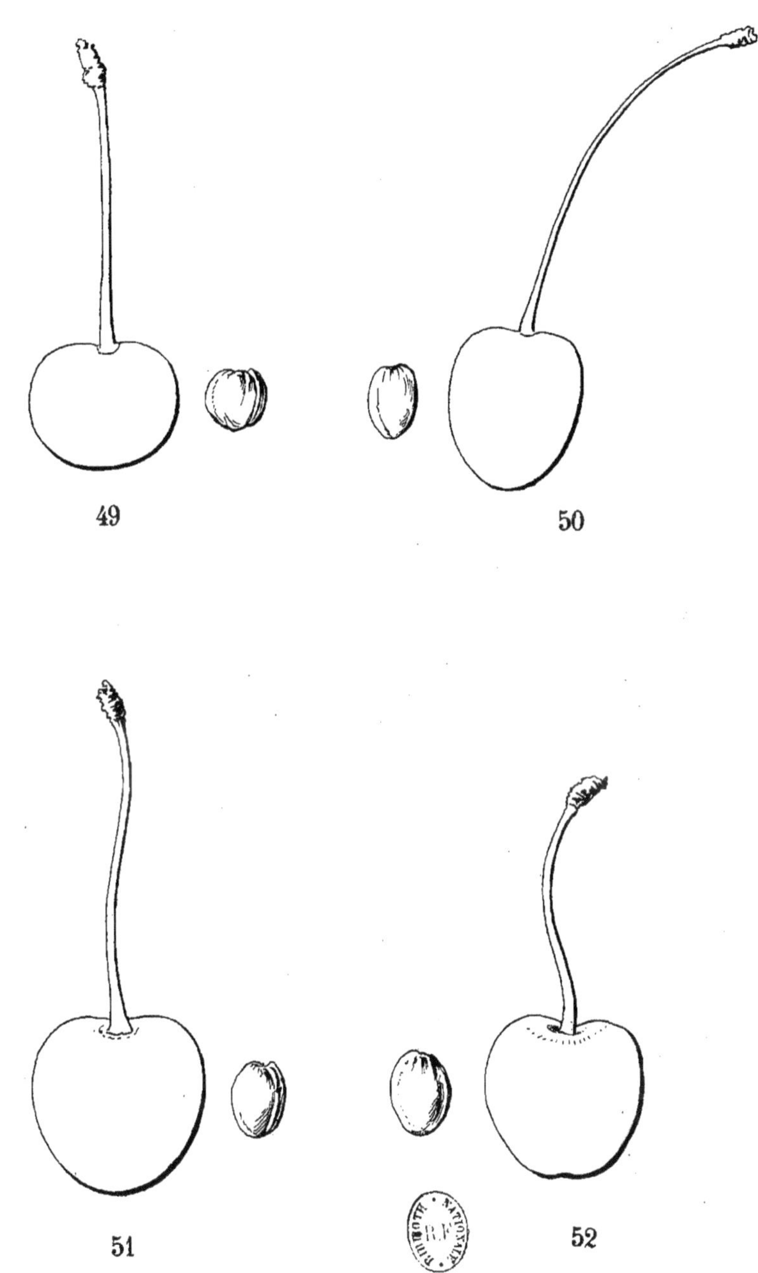

49. GROSSE CERISE DES RELIGIEUSES.

50. BELLE AGATHE.

51. BELLE DE ROCMONT.

52. BIGARREAU HATIF DE BOULBON.

Peingeon, Del.

rères, Mâcon.

GROSSE CERISE DES RELIGIEUSES

(GROSSE NONNENKIRSCHE)

(GRIOTTE)

[N° 49]

Handbuch über die Obstbaumzucht. CHRIST.
Systematisches Handbuch der Obstkunde. DITTRICH.
Illustrirtes Handbuch der Obstkunde. JAHN.

OBSERVATIONS. — D'après Jahn, cette variété est connue à Erfurt et à Gotha, sous ce même nom qu'elle portait aussi à la Pépinière nationale de Paris. Probablement d'origine française. — L'arbre, de vigueur normale sur Sainte-Lucie, s'accommode assez bien sur ce sujet de la forme de vase. Sa haute tige forme une tête sphérique, de moyenne dimension et un peu compacte. Variété à multiplier dans le verger et dans le jardin fruitier. Elle est rustique, d'une fertilité assez précoce et grande. Son fruit est un peu petit, mais convient très-bien à tous les usages auxquels sont ordinairement employées les cerises de sa classe.

DESCRIPTION.

Rameaux forts, unis dans leur contour, droits, à entre-nœuds courts, d'un brun verdâtre du côté de l'ombre, de couleur acajou du côté du soleil, et en partie recouverts d'une pellicule mince et bien fendillée; lenticelles jaunâtres, peu larges, transversales, saillantes, nombreuses et apparentes.

Boutons à bois moyens, coniques, un peu allongés et un peu aigus, à direction bien écartée du rameau, soutenus sur des supports peu saillants dont les côtés et l'arête médiane ne se prolongent pas; écailles d'un beau marron rougeâtre.

Pousses d'été d'un vert très-pâle et à peine lavées de rouge seulement à leur sommet.

Feuilles des pousses d'été moyennes, ovales ou ovales-elliptiques, se terminant peu brusquement en une pointe souvent extraordinairement longue, repliées sur leur nervure médiane, largement ondulées dans leur contour, non arquées, bordées de dents irrégulières, assez peu profondes, souvent surdentées, couchées et aiguës, assez peu soutenues sur des pétioles courts, grêles, un peu flexibles, un peu lavés de rouge violet, glabres, dépourvus de glandes, et parfois des glandes d'un jaune orangé sont attachées à la base du limbe.

Stipules courtes, dentées, un peu élargies, mais non munies d'une oreillette à leur base.

Boutons à fruit moyens, ovoïdes, courts, épais et courtement aigus, réunis nombreux sur des dards extraordinairement courts et forts; écailles d'un marron très-clair, peu brillant et bordé de gris blanchâtre.

Fleurs grandes; pétales largement arrondis, souvent un peu échancrés à leur sommet, concaves, souvent largement ondulés dans leur contour; divisions du calice bien longues, larges et sensiblement dentées; pédicelles un peu longs et un peu forts.

Feuilles des productions fruitières moins grandes que celles des pousses d'été et assez petites, obovales un peu allongées, se terminant un peu brusquement en une pointe peu longue, très-peu repliées sur leur nervure médiane et largement ondulées dans leur contour, bordées de dents peu profondes, surdentées, couchées et peu aiguës, assez peu soutenues sur des pétioles très-courts, grêles et un peu flexibles.

Caractère saillant de l'arbre : teinte générale du feuillage d'un vert très-intense et mat; feuilles des pousses d'été souvent très-longuement acuminées; toutes les feuilles largement ondulées dans leur contour; tous les pétioles très-courts et grêles.

Fruit petit ou assez petit, presque sphérique, un peu tronqué du côté de la queue et très-largement arrondi du côté du point pistillaire vers lequel il s'atténue un peu plus que du côté de la queue, à joues bien convexes, presque également convexe par ses faces dont l'une, un peu aplatie, est traversée par une ligne de suture peu appréciable.

Peau assez mince et tendre, d'abord d'un pourpre clair, puis d'un pourpre intense, et à l'entière maturité, **milieu et fin de juillet,** arrivant au pourpre noir. Point pistillaire brunâtre, placé dans un petit creux étroit et un peu profond.

Queue de moyenne longueur, de moyenne force, souvent colorée de rouge du côté du soleil, bien droite et ferme le plus souvent, à peine épaissie à son point d'attache dans une cavité étroite, peu profonde et dont les bords sont bien réguliers.

Chair d'un pourpre foncé, tendre, cependant un peu succulente, abondante en jus colorant, légèrement sucré, vineux et acidulé, constituant un fruit de bonne qualité.

Noyau petit pour le volume du fruit, presque sphérique, un peu tronqué et échancré à son point d'attache à la queue, largement arrondi à son autre extrémité, à joues un peu bombées et à peine plissées seulement vers le point d'attache; suture ventrale finement saillante; arête dorsale peu épaisse, bien saillante, imperceptiblement sillonnée, accompagnée de rainures latérales assez larges et un peu creusées.

BELLE AGATHE

(BIGARREAU)

[N° 50]

The Fruit Manual. Robert Hogg.
The Fruits and the fruit-trees America. Downing.
BELLE AGATHE DE NOVEMBRE. *Album de Pomologie.* Bivort.
Annales de Pomologie belge. Bivort.
SCHÖNE AGATHE. *Illustrirtes Handbuch der Obstkunde.* Oberdieck.

Observations. — Cette variété a été obtenue par M. Thiery, de Haëlen, et propagée vers 1852. — L'arbre est très-vigoureux, rustique et d'excellent rapport ; placé en espalier au nord, il conserve ses fruits jusqu'à la fin de septembre. Bien à multiplier dans le jardin d'amateur pour l'époque tardive de sa maturité.

DESCRIPTION.

Rameaux de moyenne force, presque unis dans leur contour, à entre-nœuds courts et bien égaux entre eux, d'un brun clair en grande partie recouvert d'une pellicule plombée du côté du soleil et gris jaunâtre du côté de l'ombre ; lenticelles très-petites, très-peu nombreuses.

Boutons à bois moyens, conico-ovoïdes, un peu aigus, à direction écartée du rameau, soutenus sur des supports peu saillants et dont les côtés se prolongent très-finement ; écailles d'un marron foncé.

Pousses d'été fortes et bien droites, d'un vert très-pâle.

Feuilles des pousses d'été grandes, ovales-elliptiques, peu atténuées à leur base, se terminant presque régulièrement en une pointe peu longue, peu concaves et très-légèrement ondulées, bordées de dents un peu profondes, doubles et obtuses, mal soutenues sur des pétioles longs, forts, très-flexibles, légèrement duveteux, colorés d'un léger rose violacé et munis de deux grosses glandes ovalaires d'un rouge orangé.

Stipules courtes, se développant à leur base en une oreillette laciniée.

Boutons à fruit petits, ovoïdes, un peu allongés, presque obtus, réunis nombreux sur des dards très-courts et peu forts ; écailles d'un marron peu foncé.

Fleurs grandes ; pétales arrondis, planes, largement et peu profondément échancrés à leur sommet souvent seulement arrondi ; divisions du calice longues, larges et bordées de quelques dents ; pédicelles longs et grêles.

Feuilles des productions fruitières à peine moyennes, obovales-elliptiques et élargies, se terminant un peu brusquement en une pointe courte, planes ou presque planes, régulièrement bordées de dents peu profondes, souvent doubles et émoussées, assez peu soutenues sur des pétioles moyens, assez grêles et flexibles, munis de petites glandes d'un rouge sanguin.

Caractère saillant de l'arbre : rigidité des branches et des rameaux ; teinte générale du feuillage d'un vert jaunâtre, mat et terne ; toutes les feuilles planes ou presque planes.

Fruit à peine moyen, plutôt ovoïde que cordiforme, peu largement tronqué du côté de la queue, et se terminant du côté opposé en une pointe largement obtuse, quelquefois un peu comprimé sur une de ses faces traversée par la ligne de suture, mais le plus souvent presque également convexe par l'une et par l'autre.

Peau épaisse, ferme, d'abord d'un blanc jaune, puis se couvrant à la maturité, **août et septembre**, d'un rouge d'acajou sur fond jaune qui se condense sur le côté exposé au soleil, tout en restant cependant finement rayé de jaune, mais d'une manière non apparente à distance. Point pistillaire petit, souvent un peu saillant en pointe d'aiguille à l'extrémité de la suture.

Queue de moyenne longueur ou un peu longue, grêle, d'un vert jaune, largement attachée dans une cavité que son point d'attache remplit entièrement et dont les bords réguliers sont très-peu saillants.

Chair légèrement jaune, ferme, croquante, suffisante en jus incolore, bien sucré, délicatement parfumé, constituant un fruit assez agréable pour son époque de maturité et dont la fermeté de la peau empêche les oiseaux de lui porter atteinte.

Noyau petit, à peu près ellipsoïde, à joues un peu convexes et adhérentes à la chair ; suture ventrale à peine appréciable ; arête dorsale non saillante, à peine sillonnée, se confondant avec les rainures latérales qui l'accompagnent.

BELLE DE ROCMONT

(BIGARREAU)

[N° 51]

The Fruit Manual. ROBERT HOGG.
BIGARREAU GROS CŒURET. *Les Meilleurs Fruits.* DE MORTILLET.

OBSERVATIONS. — Origine ancienne et inconnue. — L'arbre, de grande vigueur, forme une tête à branches bien érigées, se subdivisant peu; greffé sur Sainte-Lucie, il convient aux formes régulières. Sa fertilité est bonne, quoique se faisant un peu attendre. Son fruit est de première qualité parmi ceux de sa classe.

DESCRIPTION.

Rameaux très-forts et d'une force bien soutenue jusqu'à leur sommet, presque unis dans leur contour, bien droits, à entre-nœuds assez courts, d'un brun rouge un peu teinté de jaune et voilé d'une pellicule très-mince; lenticelles jaunâtres, un peu larges, nombreuses et apparentes.

Boutons à bois assez petits, conico-ovoïdes, un peu courts, obtus ou émoussés, à direction peu écartée du rameau, soutenus sur des supports peu saillants dont l'arête médiane ne se prolonge pas ou très-obscurément; écailles d'un marron rougeâtre peu foncé et brillant.

Pousses d'été fortes, d'un vert clair et jaune lavé de rouge vineux du côté du soleil, glabres et bien glutineuses à leur sommet.

Feuilles des pousses d'été grandes, obovales-allongées et peu larges, se terminant peu brusquement en une pointe longue, bien repliées plutôt que concaves, bordées de dents larges, assez peu profondes et le plus souvent obtuses, assez peu soutenues sur des pétioles longs, forts, un peu souples, colorés de rouge violacé intense, à peine duveteux et munis de deux grosses glandes réniformes d'un rouge intense.

Stipules longues, un peu élargies à leur base en une oreillette, plutôt dentées que laciniées.

Boutons à fruit petits, ovo-ellipsoïdes, obtus ou peu aigus, réunis en petits bouquets sur des dards très-courts et peu forts ; écailles d'un marron clair et brillant.

Fleurs petites ; pétales elliptiques-élargis, largement échancrés à leur sommet, presque planes, se recouvrant un peu les uns les autres ; divisions du calice un peu longues, un peu obtuses ; pédicelles un peu longs et extraordinairement grêles.

Feuilles des productions fruitières assez grandes ou moyennes, obovales-allongées, sensiblement atténuées vers le pétiole, quelques-unes bien plus courtes, elliptiques-arrondies, se terminant peu brusquement en une pointe longue, un peu concaves, bordées de dents un peu larges, un peu profondes et émoussées, assez peu soutenues sur des pétioles moyens, de moyenne force et un peu souples.

Caractère saillant de l'arbre : teinte générale du feuillage d'un vert intense vif et luisant ; pétioles colorés d'un rouge violacé remarquablement intense ; presque toutes les feuilles allongées et peu larges.

Fruit gros ou assez gros, cordiforme peu élargi, un peu tronqué et un peu échancré du côté de la queue, s'atténuant assez sensiblement pour se terminer à son autre extrémité en une pointe un peu obtuse, à joues peu convexes, comprimé sur ses faces dont l'une est traversée sur sa hauteur par une dépression à peine sensible, et l'autre un peu plus convexe par une ligne de suture peu appréciable.

Peau épaisse et ferme, d'abord d'un blanc jaunâtre lavé et marbré par places d'un rouge vif, puis passant à la maturité, **premiers jours de juillet,** au jaune presque entièrement ou entièrement recouvert d'un rouge intense plus foncé par places et jamais bien uniforme, souvent relevé de quelques taches jaunâtres. Point pistillaire brun et à peine creusé dans la pointe du fruit.

Queue un peu longue, peu forte, d'un vert vif, attachée dans une cavité très-peu profonde et étroite, dont les bords s'abaissent un peu du côté de la dépression et se relèvent à peine du côté de la ligne de suture.

Chair jaunâtre, ferme, croquante, suffisante en jus richement sucré et relevé, constituant un fruit de première qualité.

Noyau un peu gros pour le volume du fruit, ovoïde un peu allongé, un peu tronqué à son point d'attache à la queue, s'atténuant un peu sensiblement pour se terminer brusquement en une pointe très-courte, peu appréciable, à joues peu bombées, à peine ou non plissées vers l'arête dorsale ; suture ventrale un peu saillante et tranchante ; arête dorsale épaisse, peu saillante, finement accompagnée de rainures latérales peu larges et peu creusées.

BIGARREAU HATIF DE BOULBON

(BIGARREAU)

[N° 52]

CERISE HATIVE DE BOULEBONNE. *Album de Pomologie.* BIVORT.
BOULEBONNER KIRSCHE. *Illustrirtes Handbuch der Obstkunde.* JAHN.

OBSERVATIONS. — Je tiens cette variété de M. Papeleu et, quoiqu'elle soit bien semblable à celle de M. Jahn pour la forme du fruit, il s'est produit jusqu'à présent chez moi avec une couleur bien plus foncée que celle qu'il indique dans sa description ainsi que Bivort. Je ne sais si elle est la même que Précoce de Mazan que je ne possède pas encore et qui fut introduite en Belgique par M. Berckmans. — L'arbre, de vigueur normale, est d'assez grande dimension affectant la forme pyramidale. Sa fertilité est précoce et bonne. Son fruit est de première qualité.

DESCRIPTION.

Rameaux de moyenne force, unis ou presque unis dans leur contour, droits, à entre-nœuds de moyenne longueur, d'un brun rougeâtre en partie voilé d'une pellicule mince ; lenticelles petites, rares et peu apparentes.

Boutons à bois assez gros, conico-ovoïdes, un peu allongés et peu aigus, à direction bien écartée du rameau, soutenus sur des supports peu saillants dont l'arête médiane ne se prolonge pas ou très-obscurément; écailles d'un marron rougeâtre un peu brillant.

Pousses d'été assez fortes, d'un vert jaune et pâle souvent entièrement lavé de rouge vineux, glabres et glutineuses à leur sommet.

Feuilles des pousses d'été grandes, obovales-élargies, se terminant brusquement en une pointe peu longue et étroite, bien concaves, bordées de dents larges, surdentées, un peu profondes, peu émoussées, presque aiguës, retombant sur des pétioles un peu longs, bien forts, cependant souples, colorés d'un rouge vineux intense, presque glabres et munis de deux grosses glandes réniformes d'un rouge très-foncé.

Stipules courtes, fines, ciliées et un peu élargies à leur base en une oreillette, finement et peu profondément laciniées.

Boutons à fruit assez petits, ovoïdes, un peu courts et peu aigus; réunis assez nombreux sur des dards courts et un peu forts; écailles d'un marron rougeâtre brillant.

Fleurs moyennes ou assez grandes; pétales obovales bien élargis à leur sommet, largement et sensiblement échancrés, peu concaves, se recouvrant plus ou moins entre eux; divisions du calice assez longues, larges, obtuses, colorées de rouge; pédicelles de moyenne longueur et grêles.

Feuilles des productions fruitières moyennes, obovales-elliptiques, se terminant brusquement en une pointe courte, bien concaves, bordées de dents fines, un peu profondes et plus ou moins aiguës, assez peu soutenues sur des pétioles longs, de moyenne force et un peu souples.

Caractère saillant de l'arbre: teinte générale du feuillage d'un vert vif et luisant; ampleur des feuilles assez remarquable; tous les pétioles forts ou assez forts.

Fruit assez petit, cordiforme, épais et obtus, à peine un peu plus fort du côté de la queue que du côté du point pistillaire, peu tronqué et à peine échancré du côté de la queue, moins tronqué ou largement obtus à son autre extrémité, à joues à peine convexes, à peine comprimé sur une de ses faces et saillant par la face portant la ligne de suture.

Peau un peu épaisse et ferme, d'abord d'un pourpre intense, puis passant à la maturité, **milieu de juin**, au pourpre noir. Point pistillaire petit, blanchâtre, placé dans un petit creux formé par la pointe du fruit.

Queue de moyenne longueur, assez forte, à peine épaissie à son point d'attache dans une cavité un peu profonde, un peu évasée par ses bords courtement échancrés d'un côté et se relevant un peu du côté de la ligne de suture.

Chair rougeâtre, serrée, ferme, suffisante en jus colorant, richement sucré, vineux et relevé, constituant un fruit de première qualité.

Noyau assez gros pour le volume du fruit, ovoïde-allongé, bien atténué et à peine tronqué à son point d'attache à la queue, largement obtus à son autre extrémité, à joues peu bombées, finement plissées vers le point d'attache et la suture; suture ventrale finement saillante; arête dorsale très-peu épaisse et peu saillante, finement et profondément sillonnée, accompagnée de rainures latérales étroites et très-peu creusées.

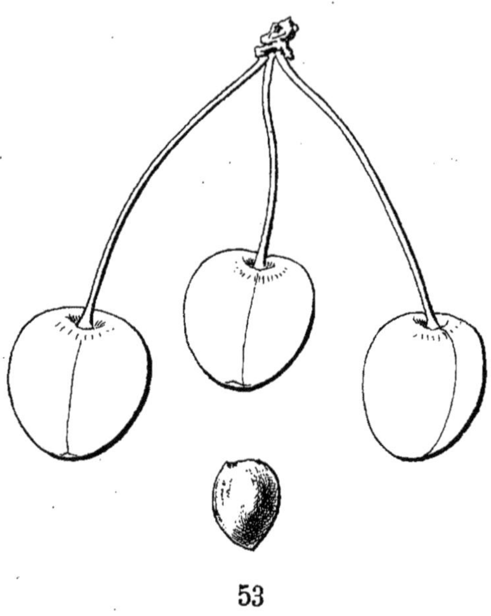

53

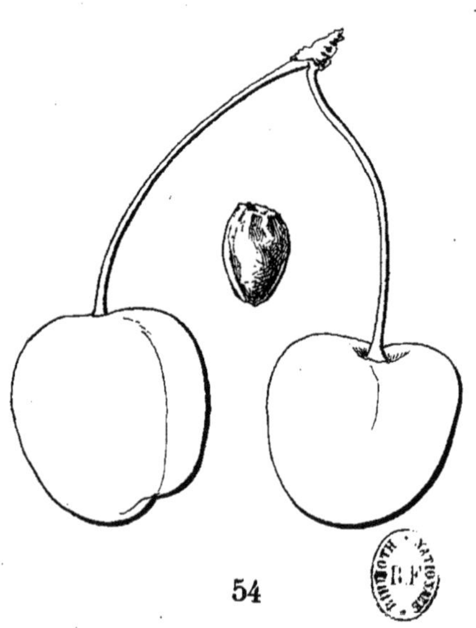

54

53. PETIT BIGARREAU HATIF.

54. BIGARREAU HATIF DE SAINT-LAUD.

ıgeon, D.

Imp. Protat frères, Mâcon.

PETIT BIGARREAU HATIF

(BIGARREAU)

[N° 53]

Les Meilleurs Fruits. De Mortillet.
BIGARREAUTIER A PETIT FRUIT ROUGE HATIF. *Traité des Arbres fruitiers.* Duhamel.

Observations. — Il existe un autre Bigarreau hâtif un peu plus rouge, un peu moins précoce, cité par Duhamel, et qui a beaucoup de ressemblance avec celui-ci. — L'arbre forme une tête élevée, mais laissant bien pendre ses branches. Sa fertilité est très-grande. Son fruit est d'assez bonne qualité et de maturité précoce.

DESCRIPTION.

Rameaux peu forts, droits, unis dans leur contour, à entre-nœuds un peu longs, d'un rouge sanguin intense et brillant, à peine voilé par place d'une très-légère pellicule; lenticelles blanches, petites, assez nombreuses et apparentes.

Boutons à bois moyens, conico-ovoïdes un peu allongés et peu aigus, à direction écartée du rameau, soutenus sur des supports peu saillants dont les côtés et l'arête médiane ne se prolongent pas; écailles d'un marron un peu foncé et peu brillant.

Pousses d'été fluettes, bien droites, d'un vert très-clair, lavées de rouge sanguin à leur sommet et sur toute leur longueur du côté du soleil, entièrement lisses.

Feuilles des pousses d'été moyennes, obovales-allongées, se terminant un peu brusquement en une pointe un peu longue, presque planes et recourbées seulement par leur pointe, bordées de dents assez fines, assez peu profondes, doubles et émoussées, retombant sur des pétioles peu longs, peu forts, bien flexibles, d'un rouge vineux, peu duveteux et munis de deux glandes réniformes d'un rouge groseille.

Stipules courtes, un peu élargies en oreillette à leur base, peu profondément et très finement laciniées, colorées de rouge.

Boutons à fruit gros, ovoïdes-obtus, réunis assez nombreux sur des dards courts et un peu épais; écailles d'un marron clair et un peu brillant.

Fleurs petites; pétales elliptiques-élargis, profondément échancrés à leur sommet, peu concaves, un peu froncés sur leur onglet; divisions du calice courtes, larges, bien obtuses; pédicelles longs et très-grêles.

Feuilles des productions fruitières plus petites que celles des pousses d'été, ovales ou obovales, se terminant un peu brusquement en une pointe courte, bien creusées en gouttière, bordées de dents fines, peu profondes et un peu aiguës, retombant mollement sur des pétioles courts, très-grêles et très-flexibles.

Caractère saillant de l'arbre : teinte générale du feuillage d'un vert clair et un peu mat ; feuilles des productions fruitières bien creusées, tandis que celles des pousses d'été sont planes ou presque planes.

Fruit petit, cordiforme un peu allongé, peu tronqué et un peu échancré du côté de la queue, bien obtus à l'extrémité opposée, à joues bien convexes vers la cavité de la queue, un peu comprimé sur ses faces dont l'une est traversée par un sillon étroit et assez prononcé, et l'autre par une élévation sur laquelle s'étend une ligne de suture souvent bien colorée.

Peau un peu ferme, d'abord d'un rose léger piqueté de pourpre, puis se marbrant de pourpre, et enfin passant à la maturité, **commencement de juin,** au pourpre foncé. Point pistillaire blanchâtre, bien large, placé dans un joli petit creux sur la pointe du fruit.

Queue assez courte, de moyenne force, largement attachée dans une cavité peu profonde et largement évasée.

Chair assez ferme, croquante, de couleur pourpre, abondante en jus colorant, sucré-acidulé, mélangé d'une très-légère amertume, constituant un fruit d'assez bonne qualité pour l'époque hâtive de sa maturité, un des premiers de sa classe.

Noyau petit, ovoïde, arrondi à son point d'attache à la queue, brusquement atténué et à peine aigu à l'extrémité opposée, à joues bien bombées et unies; suture ventrale très-finement saillante; arête dorsale un peu saillante, très-épaisse, aplanie, largement sillonnée et dont les rainures sont inappréciables.

BIGARREAU HATIF DE SAINT-LAUD

(BIGARREAU-GUIGNE)

[N° 54]

BIGARREAU DE SAINT-LAUD. *Catalogue* André Leroy.

Observations. — Cette variété très-ancienne est bien répandue dans l'Anjou. — L'arbre, de vigueur normale, convient surtout à la haute tige, s'accommodant peu des formes soumises à la taille. Variété à cultiver dans le verger de campagne. Elle est rustique et d'une fertilité moyenne. Son fruit est de première qualité pour l'époque de sa maturité.

DESCRIPTION.

Rameaux forts, un peu anguleux dans leur contour, à entre-nœuds un peu longs et inégaux entre eux, d'un brun rouge presque entièrement recouvert d'une pellicule épaisse.

Boutons à bois gros, conico-ovoïdes, obtus, à direction écartée du rameau, soutenus sur des supports saillants et dont les côtés se prolongent finement ; écailles d'un marron foncé.

Pousses d'été très-fortes, d'un vert pâle, sensiblement cannelées à leur sommet lavé de rouge vineux.

Feuilles des pousses d'été grandes, ovales-elliptiques, élargies et se terminant lentement en une pointe de moyenne longueur, un peu aiguës, concaves, bordées de dents larges, doubles et triples, souvent peu profondes et obtuses, mal soutenues par des pétioles très-longs, très-forts et cependant souples, d'un rouge violacé et munis de deux grosses glandes souvent réniformes d'un jaune orangé.

Stipules courtes, munies d'une large oreillette, laciniées mais peu profondément.

Boutons à fruit gros, ellipsoïdes, obtus, réunis sur des dards très-courts et forts ; écailles d'un marron foncé.

Fleurs moyennes; pétales peu élargis, sensiblement atténués à leur base, régulièrement et profondément échancrés à leur sommet; divisions du calice de moyenne longueur, entières et aiguës à leur extrémité; pédicelles de moyenne longueur et très-grêles.

Feuilles des productions fruitières moins grandes, moins allongées que celles des pousses d'été, peu atténuées à leur base et cependant atteignant leur plus grande largeur plus près de leur sommet, un peu concaves et ondulées dans leur contour, quelquefois convexes par leur milieu, bordées de dents bien prononcées sans être très-profondes et un peu émoussées, se terminant brusquement en une pointe très-courte et peu aiguë, plus ou moins bien soutenues sur des pétioles de moyenne longueur et de moyenne force, assez raides, horizontaux.

Caractère saillant de l'arbre : teinte générale du feuillage d'un vert jaunâtre; pétioles des feuilles des pousses d'été bien forts et bien colorés.

Fruit gros, en forme de cœur, un peu bosselé dans son contour, diminuant peu d'épaisseur et sensiblement tronqué vers le point pistillaire, partagé en deux parties assez souvent un peu inégales d'un côté par un sillon peu prononcé, mais bien indiqué par sa couleur plus foncée, et du côté opposé par une dépression dont un des côtés est ordinairement plus élevé que l'autre.

Peau un peu ferme, croquante, d'abord d'un rouge clair strié de rouge plus foncé, puis à la maturité, **mi-juin**, passant au rouge pourpre foncé et brillant, remarquable par son aspect comme vernissé. Point pistillaire petit, grisâtre, placé dans une cavité assez profonde, bien évasée, occupant presque toute la surface de la pointe tronquée du fruit.

Queue plutôt courte, un peu forte, un peu épaissie à ses deux extrémités, d'un vert gai, insérée dans une cavité large et assez profonde dont les bords s'échancrent pour laisser communiquer le sillon avec la dépression qui lui est opposée.

Chair assez tendre, cependant un peu croquante, teintée de rouge, abondante en jus assez coloré, sucré, vineux, rafraîchissant, constituant un fruit vraiment bon et remarquable pour la saison.

Noyau petit, ovoïde, un peu aplati, obtus vers sa pointe, arrondi vers son point d'attache à la queue; suture ventrale très-fine, presque inappréciable; arête dorsale très-peu saillante, légèrement sillonnée; rainures latérales peu sensibles et accompagnées de plis peu prononcés.

BIGARREAU NAPOLÉON

(BIGARREAU)

[N° 55]

Les Meilleurs Fruits. DE MORTILLET.
The Fruits and the fruit-trees of America. DOWNING.
The Fruit Manual. ROBERT HOGG.
Catalogue DE BAVAY. 1853.
NAPOLÉON BIGARREAU. *The American fruit Culturist*. THOMAS.
LAUERMANN'S KIRSCHE. *Systematisches Handbuch der Obstkunde*. DITTRICH.

OBSERVATIONS. — Origine douteuse. D'après Dittrich, cette variété serait d'origine allemande et très-ancienne. — L'arbre est très-vigoureux et se prête à toutes formes. Sa fertilité est grande et son fruit de première qualité.

DESCRIPTION.

Rameaux forts, droits, obscurément anguleux dans leur contour, à entre-nœuds inégaux entre eux, d'un rouge vif du côté du soleil, couverts du côté de l'ombre et à leur sommet d'une épaisse pellicule métallique ; lenticelles très-petites, nombreuses, peu apparentes.

Boutons à bois coniques, un peu épais et obtus, à direction peu écartée du rameau, soutenus sur des supports un peu saillants et dont les côtés se prolongent d'une manière peu prononcée ; écailles intérieures d'un marron rougeâtre clair; les extérieures d'un marron presque noir et brillant.

Pousses d'été fortes, d'un vert blanchâtre marbré de brun, munies de quelques poils à leur sommet.

Feuilles des pousses d'été grandes, ovales-allongées, atteignant leur plus grande largeur tantôt près de leur base, tantôt plus près de leur sommet, s'atténuant ensuite plus ou moins brusquement en une pointe longue et aiguë, concaves, souvent ondulées dans leur contour qui est garni de dents profondes, souvent doubles et assez aiguës, assez mal soutenues par des pétioles de moyenne longueur, très-forts et cependant souples, un peu duveteux, d'un rouge lie-de-vin intense, munis de deux grosses glandes orangées.

Stipules assez longues, étroites, bordées de cils raides et munies d'une oreillette peu appréciable bordée de la même manière.

Boutons à fruit gros, ovoïdes-épais et bien obtus, réunis sur des dards courts et bien forts ; écailles d'un marron foncé bordé de blanc argenté.

Fleurs grandes ; pétales ovales-élargis, échancrés à leur sommet, peu concaves, minces et légèrement veinés dans leur surface ; divisions du calice de moyenne longueur, entières, terminées en une pointe inappréciable ; pédicelles longs et grêles.

Feuilles des productions fruitières plus petites que celles des pousses d'été, ovales moins allongées, plus sensiblement élargies près de leur sommet, se terminant brusquement en une pointe courte et effilée, concaves et ondulées, bordées de dents bien profondes, peu-larges et sensiblement émoussées, assez mal soutenues sur des pétioles de moyenne longueur, de moyenne force, un peu raides, étalés.

Caractère saillant de l'arbre : teinte générale du feuillage d'un vert jaunâtre ; presque toutes les feuilles un peu ondulées.

Fruit gros, en forme de cœur un peu allongé, un peu aplati sur ses deux faces, surtout vers sa base, partagé en deux parties égales par un sillon souvent seulement indiqué d'un côté par un trait de couleur plus foncée, et de l'autre côté par une dépression assez étroite et peu profonde.

Peau ferme, d'abord d'un blanc jaunâtre qui se lave petit à petit, sur les parties exposées à la lumière, d'un rouge de cornaline qui, à la maturité, **fin de juin,** devient plus intense, mais restant toujours épanché en marbrures sur les points moins éclairés, même ordinairement les parties dans l'ombre restent d'un blanc jaunâtre de porcelaine. Le point pistillaire gris blanchâtre est inséré en creux à la base du fruit et presque sans cavité.

Chair d'un blanc jaunâtre, très-ferme, croquante, suffisante en suc incolore, sucré, relevé d'un parfum excitant, constituant un fruit très-agréable.

Queue de moyenne longueur, assez forte, souvent colorée de brun rougeâtre au soleil, insérée dans une cavité étroite, assez profonde, à bords bien réguliers.

Noyau petit, presque ellipsoïde, étant à peu près également atténué du côté de la queue et du côté de sa pointe qui est nulle, à joues sensiblement convexes ; suture ventrale fine et très-peu saillante ; arête dorsale presque nulle, accompagnée de rainures latérales étroites, presque inappréciables du côté du point d'attache à la queue, à bords un peu plus saillants vers la pointe du noyau où l'arête dorsale se fait aussi un peu sentir.

EMPEREUR FRANÇOIS

(BIGARREAU)

[N° 56]

Catalogue NARCISSE GAUJARD. 1869-1870.

OBSERVATIONS. — L'arbre, de vigueur normale, forme une tête élevée, peu compacte. Sa fertilité est assez précoce et bonne. Cette variété se recommande par la beauté et l'excellence de son fruit.

DESCRIPTION.

Rameaux de force moyenne et bien soutenue jusqu'à leur sommet, presque unis dans leur contour, droits, à entre-nœuds assez courts, d'un brun rougeâtre peu voilé d'une pellicule mince du côté du soleil; lenticelles blanchâtres, nombreuses, un peu saillantes et apparentes.

Boutons à bois moyens, conico-ovoïdes, allongés et un peu émoussés, à direction bien écartée du rameau, soutenus sur des supports peu saillants dont les côtés et l'arête médiane ne se prolongent pas ou très-peu distinctement; écailles d'un marron rougeâtre, clair et brillant.

Pousses d'été d'un vert pâle, lavées de rouge clair et vif, glutineuses à leur sommet.

Feuilles des pousses d'été grandes, obovales, plus ou moins élargies, se terminant peu brusquement en une pointe longue et fine, planes ou presque planes, bordées de dents assez peu profondes, souvent surdentées et plus ou moins émoussées, assez peu soutenues sur des pétioles moyens, de moyenne force, un peu souples, colorés de rouge vineux vif, glabres et munis de deux glandes réniformes d'un rouge orangé.

Stipules moyennes, élargies en une oreillette finement laciniée.

Boutons à fruit assez petits, ovo-ellipsoïdes, émoussés, réunis en bouquets serrés sur des dards très-courts et forts; écailles d'un marron rougeâtre très-clair et brillant.

Fleurs......

Feuilles des productions fruitières grandes, obovales-élargies, se terminant brusquement en une pointe courte, peu concaves, bordées de dents fines, assez peu profondes, souvent surdentées et peu aiguës, assez peu soutenues sur des pétioles moyens, de moyenne force et un peu souples.

Caractère saillant de l'arbre : teinte générale du feuillage d'un vert intense et mat; toutes les feuilles plus ou moins élargies, peu concaves, planes ou presque planes.

Fruit gros ou très-gros, cordiforme court, très-épais et très-obtus, largement tronqué et à peine ou non échancré du côté de la queue, très-largement obtus, un peu tronqué et échancré vers le point pistillaire, à joues assez convexes, très-peu comprimé sur ses faces dont l'une est traversée sur sa hauteur par une dépression à peine sensible, et l'autre largement et régulièrement convexe par une ligne de suture bien apparente par sa couleur plus foncée.

Peau un peu épaisse, ferme, d'abord d'un blanc jaunâtre teinté de rose par places, puis passant au jaune clair marbré d'un rouge acajou qui devient très-foncé à l'entière maturité, **premiers jours de juillet**, et souvent recouvre presque toute la surface du fruit, ne laissant jamais apercevoir qu'une très-petite étendue du jaune fondamental. Point pistillaire grisâtre, placé dans une dépression très-étroite, très-peu profonde et ordinairement un peu échancrée du côté de la ligne de suture.

Queue moyenne ou assez courte, un peu forte, épaissie à son point d'attache dans une cavité peu profonde, largement évasée et dont les bords sont presque de niveau.

Chair d'un blanc jaunâtre, fine, ferme, croquante, abondante en eau richement sucrée, parfumée et relevée d'un acide fin et agréable, constituant un fruit de toute première qualité entre les vrais Bigarreaux.

Noyau petit pour le volume du fruit, ellipsoïde court et épais, largement arrondi à son point d'attache à la queue, s'atténuant à peine pour s'arrondir à son autre extrémité surmontée d'une pointe très-courte, à joues bien bombées et un peu plissées seulement vers l'arête dorsale ; suture ventrale saillante et tranchante ; arête dorsale très-épaisse, un peu saillante, très-finement sillonnée, accompagnée de rainures latérales larges et bien creusées surtout du côté de la pointe.

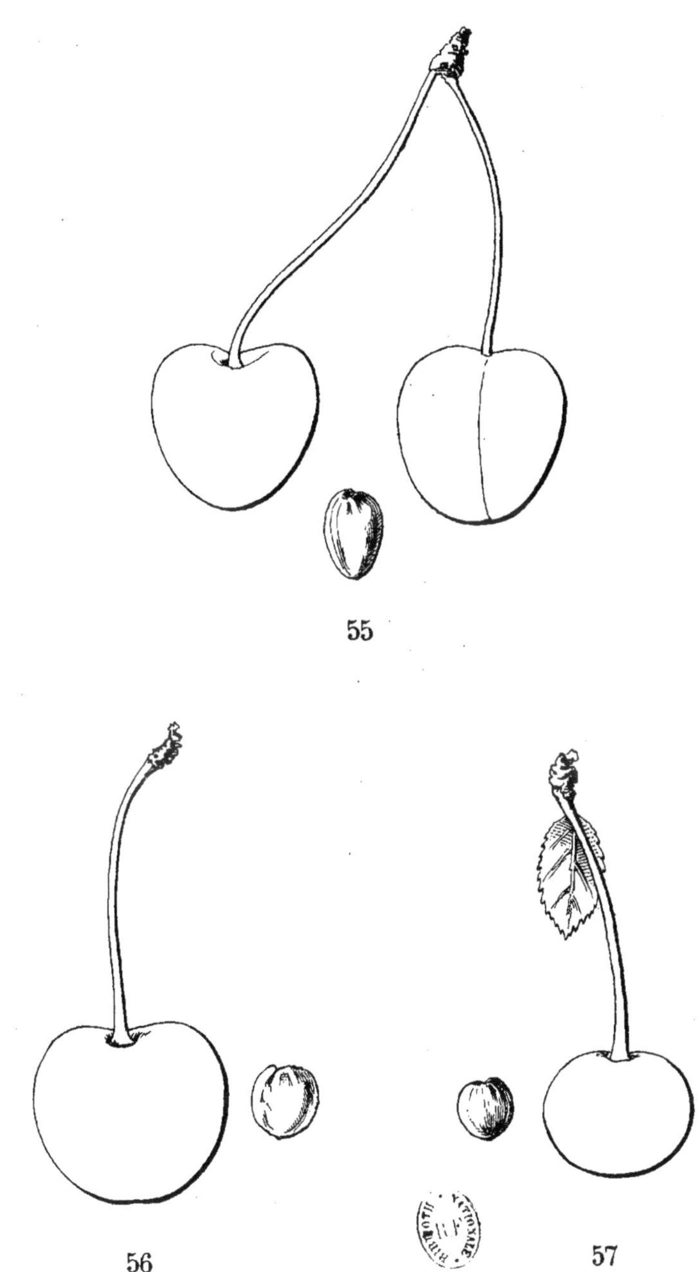

55. BIGARREAU NAPOLÉON.

56. EMPEREUR FRANÇOIS. 57. GUINDOUX DU POITOU.

Peingeon, Del. frères, Mâcon

GUINDOUX DU POITOU

(CERISE)

[N° 57]

OBSERVATIONS. — Cette variété a de grands rapports de ressemblance avec la Transparente d'Espagne, des Allemands, que nous avons déjà décrite ; les arbres ont un port et un feuillage presque semblables, mais le fruit de la Transparente est plus gros, plus épais ; sa queue est aussi plus courte, plus forte, et sa couleur atteint un ton un peu plus foncé. La qualité du fruit est semblable, mais la Transparente d'Espagne est un peu plus précoce.

DESCRIPTION.

Rameaux peu forts, presque unis dans leur contour, droits, à entrenœuds très-longs, d'un brun rougeâtre un peu voilé par une pellicule plombée ; lenticelles jaunâtres, saillantes, assez nombreuses et apparentes.

Boutons à bois assez petits, coniques, courts, un peu renflés et courtement aigus, à direction écartée du rameau, soutenus sur des supports peu saillants dont l'arête médiane ne se prolonge pas et les côtés très-finement ; écailles d'un marron rougeâtre foncé et peu brillant.

Pousses d'été peu fortes, d'un vert pâle, lavées de rouge clair du côté du soleil, peu glutineuses à leur sommet.

Feuilles des pousses d'été petites, obovales un peu allongées, sensiblement atténuées vers le pétiole, se terminant brusquement en une pointe peu longue et recourbée, bien repliées et un peu arquées, bordées de dents un peu larges, peu profondes, surdentées, obtuses ou émoussées, bien soutenues sur des pétioles courts, un peu forts, colorés de rouge vineux, glabres et munis de petites glandes globuleuses d'un rouge très-pâle.

Stipules moyennes, finement aiguës, peu élargies à leur base et très-courtement ciliées.

Boutons à fruit très-petits, ovoïdes, courts et courtement aigus, réunis assez nombreux sur des dards courts et forts ; écailles d'un marron rougeâtre foncé et terne.

Fleurs moyennes ou presque moyennes; pétales bien élargis et très-largement arrondis à leur sommet, peu échancrés, un peu concaves, se recouvrant un peu entre eux; divisions du calice courtes, bien larges et bien obtuses; pédicelles extraordinairement courts et forts.

Feuilles des productions fruitières plus petites que celles des pousses d'été, obovales, sensiblement atténuées vers le pétiole, se terminant peu brusquement en une pointe large et courte, un peu creusées en gouttière et à peine arquées, bordées de dents larges, un peu profondes, surdentées et émoussées, bien soutenues sur des pétioles courts, grêles et dressés.

Caractère saillant de l'arbre : teinte générale du feuillage d'un vert décidé et brillant; toutes les feuilles régulièrement repliées ou creusées et un peu recourbées en dessous, surtout par leur pointe.

Fruit moyen ou presque moyen, sphérique-déprimé à ses deux pôles, largement tronqué du côté de la queue, très-largement obtus ou un peu tronqué du côté du point pistillaire, à joues bien convexes, presque également convexe par ses faces dont l'une est traversée par une ligne de suture peu appréciable.

Peau très-fine, très-mince, tendre, d'abord d'un rouge clair et transparent, puis passant à la maturité, **milieu de juillet**, au rouge plus intense et toujours vif cependant. Point pistillaire large, placé dans une petite dépression étroite, peu creusée, formée par la pointe du fruit.

Queue courte, un peu forte, un peu épaissie à son point d'attache dans une cavité étroite, peu profonde, dont les bords sont de niveau.

Chair jaunâtre, tendre, transparente, fondante, abondante en jus légèrement sucré, finement acidulé, constituant un fruit de bonne qualité entre les Cerises transparentes.

Noyau petit pour le volume du fruit, sphérico-ovoïde, à peine tronqué à son point d'attache à la queue, s'atténuant brusquement à son autre extrémité pour se terminer en une très-petite pointe, à joues bien bombées du côté du point d'attache et moins bombées du côté de la pointe, un peu plissées seulement vers l'arête dorsale; suture ventrale très-finement saillante; arête dorsale peu épaisse et peu saillante, très-finement sillonnée et accompagnée de rainures latérales un peu larges et à peine creusées.

PETITE GRIOTTE A RATAFIA

(GRIOTTE)

[N° 58]

CERISIER MARASQUIN, GRIOTTIER MARASQUIN. *Nouveau Duhamel.* DESLONGCHAMPS.

CERISIER A TRÈS-PETIT FRUIT NOIR, PETITE CERISE A RATAFIA. *Traité des Arbres fruitiers.* DUHAMEL.

BRÜSSELER BRAUNE. *Illustrirtes Handbuch der Obstkunde.* JAHN.

OBSERVATIONS. — Cette variété, très-ancienne, est originaire de la Dalmatie; son introduction en France date du siècle dernier. — L'arbre, d'une végétation normale, se plaît dans un sol frais; élevé en haute tige, il convient surtout pour le verger de campagne. Sa fertilité est seulement moyenne. Son fruit n'est recommandable que pour la confection de la liqueur dont il porte le nom.

DESCRIPTION.

Rameaux fluets, surtout à leur extrémité, bien unis dans leur contour, d'un rouge sensiblement teinté de jaunâtre et recouvert d'une pellicule métallique; lenticelles blanchâtres, très-petites, transversales, très-rares.

Boutons à bois très-petits, coniques, obtus, soutenus sur des supports un peu saillants; écailles d'un marron rougeâtre.

Pousses d'été bien grêles, flexueuses, d'un vert jaunâtre, bien unies dans leur contour.

Feuilles des pousses d'été, celles du bas beaucoup plus grandes que celles du haut, ovales un peu élargies, peu atténuées à leur base, ayant leur plus grande largeur vers leur sommet, se terminant un peu brusquement en une pointe un peu longue ou courte, mais toujours contournées par leur extrémité, creusées en gouttière, bordées de dents fines et peu profondes, bien soutenues par des pétioles courts, bien redressés, peu duveteux, légèrement lavés de rouge, munis de deux petites glandes globuleuses à la base des feuilles.

Stipules courtes, très-fines, très-caduques.

Boutons à fruit sensiblement plus gros que les boutons à bois, mais cependant encore petits, coniques, obtus, réunis par trois ou quatre sur de petits dards très-courts et un peu épaissis; écailles d'un marron rougeâtre terne très-finement bordé de blanc grisâtre.

Fleurs petites; pétales arrondis, largement échancrés à leur sommet, bien concaves; divisions du calice étroites, finement dentées, obtuses; pédicelles longs et extrêmement grêles.

Feuilles des productions fruitières plus petites que celles des pousses d'été, bien atténuées à leur base, atteignant leur plus grande largeur à leur sommet qui se termine brusquement en une pointe très-courte et obtuse, planes ou très-peu concaves, bien soutenues par des pétioles courts, très-grêles, très-raides.

Caractère saillant de l'arbre: branchage très-menu; feuillage d'un vert intense mais terne et mat.

Fruit très-petit, presque sphérique, arrondi vers le point pistillaire, diminuant un peu et peu largement tronqué vers la queue; sur une de ses faces, un peu aplati, la suture est appréciable avant que la couleur de la peau ait acquis toute son intensité; sur l'autre face, sensiblement bombé, le sillon est inappréciable.

Peau assez épaisse et ferme, d'abord d'un rouge assez intense, puis passant à la maturité, **milieu et fin de juin,** au pourpre noirâtre. Point pistillaire petit, blanchâtre, placé dans une très-petite cavité.

Queue assez longue, très-grêle, largement attachée dans une cavité peu profonde qui contient exactement son point d'attache.

Chair un peu ferme, bien rouge, peu abondante en jus coloré et trop acide, supportable lorsque l'extrême maturité est dépassée.

Noyau petit mais gros pour le volume du fruit, à peu près sphérique, à joues assez convexes; suture ventrale un peu saillante; rainures latérales peu prononcées; arête dorsale saillante mais émoussée.

GROSSE CERISE DE PRINCESSE

(BIGARREAU)

[N° 59]

BIGARREAU GROS-CŒURET. *Les Meilleurs Fruits.* DE MORTILLET.
BIGARREAU. *The Fruits and the fruit-trees of America.* DOWNING.
BIGARREAU DE HOLLANDE. *The Fruit Manual.* ROBERT HOGG.
GROSSE PRINZESSINKIRSCHE. *Illustrirtes Handbuch der Obstkunde.* OBERDIECK.
HOLLANDISCHE GROSSE PRINZESS. *Systematisches Handbuch der Obstkunde.* DITTRICH.

OBSERVATIONS.— Variété d'origine très-ancienne. — L'arbre forme une tête de large étendue, à branches tendant à l'horizontale et un peu pendantes. Sa fertilité est annuelle, mais peu abondante. Son fruit est de première qualité.

DESCRIPTION.

Rameaux forts, droits, anguleux dans leur contour à leur sommet et plus obscurément à leur partie inférieure, à entre-nœuds courts, d'un brun jaunâtre clair à l'ombre, d'un rougeâtre peu foncé au soleil en partie recouvert d'une pellicule jaunâtre, épaisse du côté de l'ombre, plombée et plus mince du côté du soleil.

Boutons à bois gros, conico-ovoïdes, un peu aigus, à direction très-peu écartée du rameau, soutenus sur des supports saillants dont les côtés et l'arête médiane se prolongent distinctement; écailles d'un marron rougeâtre largement bordé de gris blanchâtre.

Pousses d'été de moyenne force, presque droites, d'un vert très-clair un peu jaune.

Feuilles des pousses d'été assez grandes, ovales-allongées, s'atténuant longuement pour se terminer régulièrement en une pointe fine, un peu concaves ou repliées, bordées de dents profondes, doubles ou triples et aiguës, mal soutenues sur des pétioles courts, de moyenne force, d'un rouge clair, très-peu duveteux et munis souvent de plusieurs glandes rouges, tantôt globuleuses, tantôt un peu ovalaires.

Stipules longues, fines, divisées en une oreillette, finement laciniées à leur base.

Boutons à fruit moyens ou gros, ovoïdes, aigus, réunis nombreux et en bouquets serrés sur des dards courts et épais; écailles d'un marron peu foncé, un peu brillant et à peu près uniforme.

Fleurs assez petites; pétales frêles, transparents, ovales un peu élargis, profondément échancrés à leur sommet, ondulés et chiffonnés dans leur contour; divisions du calice de moyenne longueur, un peu aiguës, finement dentées; pédicelles assez courts et forts.

Feuilles des productions fruitières moyennes, obovales un peu élargies, se terminant brusquement en une pointe courte, concaves et sensiblement ondulées, bordées de dents fines, profondes et aiguës, mal soutenues sur des pétioles de moyenne longueur et de moyenne force, bien flexibles.

Caractère saillant de l'arbre: teinte générale du feuillage d'un vert clair; denture des feuilles des productions fruitières remarquablement aiguë; toutes les mêmes feuilles ondulées.

Fruit gros, cordiforme, largement tronqué du côté de la queue, largement arrondi du côté du point pistillaire, un peu comprimé sur ses deux faces presque uniformément et largement convexes, dont une est traversée par une ligne de suture seulement indiquée par une légère différence dans la couleur.

Peau fine, brillante, ne se détachant pas de la chair, d'abord d'un blanc jaunâtre, passant à la maturité, **fin de juin et commencement de juillet**, au jaune paille clair, marbré et pointillé de rose cerise léger du côté du soleil qui, sur quelques fruits bien exposés, devient plus dense et plus uniforme sans l'être cependant complètement. Point pistillaire apparent, brun, placé à fleur du fruit et un peu en dehors de son axe, quelquefois dans une cavité à peine sensible.

Queue un peu forte, d'un vert pâle, un peu épaissie et largement attachée dans une cavité large, peu profonde et dont les bords sont légèrement et régulièrement échancrés.

Chair d'un blanc jaune, assez ferme, mais moins croquante que celle du Bigarreau Napoléon, abondante en jus sucré, relevé, agréablement parfumé, constituant un fruit de première qualité.

Noyau petit pour le volume du fruit, ovoïde, tronqué un peu obliquement du côté de la queue, se terminant en une pointe courte et fine du côté opposé, à joues peu convexes et se détachant parfaitement de la chair; suture ventrale finement saillante; arête dorsale peu saillante et largement sillonnée, accompagnée de rainures latérales un peu étroites et assez prononcées.

JEFFREY'S DUKE

(CERISE)

[N° 60]

Revue horticole. 1870. Thomas.
The Fruits and the fruit-trees of America. Downing.

Observations. — Variété d'origine anglaise, peu répandue et confondue avec d'autres par beaucoup d'auteurs. Bien à multiplier dans le jardin fruitier, et recommandable surtout pour les petits jardins d'amateurs où son arbre, à dimensions réduites, se plaît admirablement à la culture en formes basses; ses branches sont courtes et il forme un buisson compacte. Son fruit est de bonne qualité.

DESCRIPTION.

Rameaux de moyenne force, unis dans leur contour, presque droits, à entre-nœuds extraordinairement courts, d'un brun jaunâtre peu foncé presque entièrement recouvert d'une pellicule d'apparence métallique luisante et fendillée.

Boutons à bois moyens, conico-ellipsoïdes, très-courtement aigus, à direction peu écartée du rameau, soutenus sur des supports peu saillants dont les côtés et l'arête médiane ne se prolongent pas; écailles d'un marron rougeâtre un peu foncé et terne.

Pousses d'été d'un vert assez décidé et un peu lavé de rouge brun du côté du soleil.

Feuilles des pousses d'été assez grandes ou moyennes, un peu obovales et allongées, se terminant assez brusquement en une pointe bien longue, un peu concaves, bordées de dents assez fines, souvent surdentées, un peu profondes et aiguës, bien soutenues sur des pétioles de moyenne longueur, de moyenne force, fermes, redressés, glabres, d'un rouge vineux et munis de deux glandes ovalaires à centre rouge et qui manquent souvent.

Stipules moyennes, fines à leur sommet, bien élargies à leur base en une oreillette, profondément dentées ou laciniées.

Boutons à fruit assez gros, ellipsoïdes, obtus, réunis très-nombreux en bouquets très-serrés sur des dards courts et peu forts ; écailles d'un marron rougeâtre peu foncé et peu brillant.

Fleurs assez grandes ; pétales ovales-élargis, profondément échancrés à leur sommet, concaves; divisions du calice bien longues, bien aiguës et colorées de rouge ; pédicelles de moyenne longueur et de moyenne force.

Feuilles des productions fruitières moyennes, obovales-arrondies, se terminant brusquement en une pointe longue et aiguë, concaves, bordées de dents fines, peu profondes, couchées et plus ou moins aiguës, bien soutenues sur des pétioles peu longs, grêles et fermes.

Caractère saillant de l'arbre : teinte générale du feuillage d'un vert intense et mat; feuilles des productions fruitières tendant à la forme arrondie et cependant sensiblement atténuées du côté du pétiole; toutes les feuilles plus ou moins concaves et longuement acuminées.

Fruit moyen, ellipsoïde-cordiforme, peu épaissi, un peu tronqué et à peine échancré du côté de la queue, s'atténuant peu pour se terminer en une pointe obtuse surmontée d'un petit mucron, à joues peu convexes, régulièrement convexe par une de ses faces, et plus convexe par la face opposée traversée par une ligne de suture bien distincte.

Peau fine, mince, d'abord d'un pourpre vif, puis passant à la maturité, **commencement de juillet,** au pourpre intense presque noir. Point pistillaire jaunâtre, attaché au petit mucron qui surmonte la pointe du fruit.

Queue longue, bien grêle, d'un vert bien vif, largement attachée dans une cavité étroite, très-peu profonde et dont les bords sont presque réguliers.

Chair rougeâtre, un peu ferme, abondante en jus coloré, sucré, finement acidulé, parfumé, constituant un fruit de bonne qualité.

Noyau petit pour le volume du fruit, ovoïde un peu tronqué du côté de l'arête dorsale à son point d'attache à la queue, arrondi du côté de la suture ventrale, se terminant à son autre extrémité en une pointe obtuse, à joues régulièrement bombées portant trois plis très-fins vers le point d'attache, entièrement unies sur le reste de leur étendue; suture ventrale bien saillante et tranchante; arête dorsale peu épaisse, un peu saillante et même tranchante du côté du point d'attache à la queue, plus épaisse et bien aplanie du côté de la pointe, très-finement sillonnée, accompagnée de rainures latérales peu larges, peu profondes et qui ne se creusent un peu que du côté de la pointe.

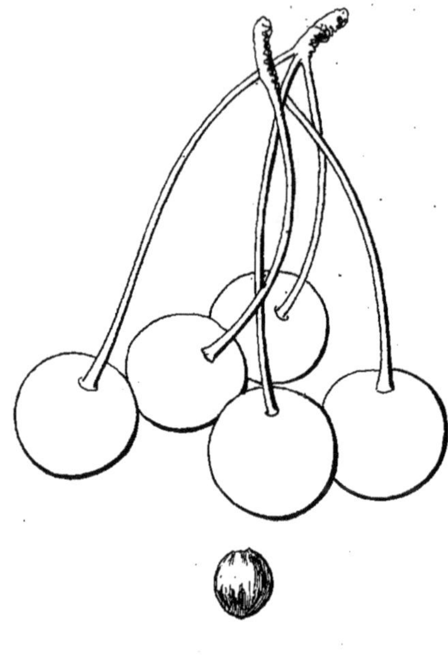

58

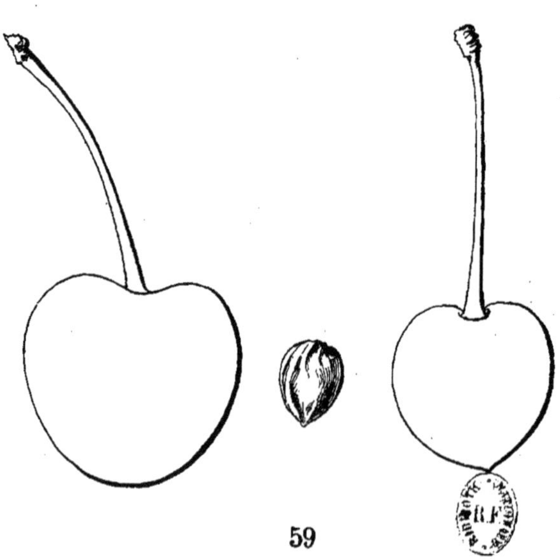

59

58. PETITE GRIOTTE A RATAFIA.

59. GROSSE CERISE DE PRINCESSE.

Peingeon,

Imp. Protat frères, Mâcon.

GRIOTTE D'ALLEMAGNE

(GRIOTTE)

[N° 61]

Les Meilleurs Fruits. De Mortillet.

Observations. — La Griotte de Frauendorf doit être une variation de celle-ci avec quelques différences de dimension dans la fleur, plus grande dans la Griotte de Frauendorf, et dans le fruit; les divisions du calice dans la Griotte de Frauendorf sont aussi décidément dentées. — L'arbre a beaucoup de rapports par le port et le feuillage avec la Griotte Cordiforme ; mais son fruit se distingue par sa forme ellipsoïde plutôt que cordiforme, par son pétiole plus long et par son volume constamment plus développé.

DESCRIPTION.

Rameaux peu forts, unis dans leur contour, à peine flexueux, à entre-nœuds longs, d'un brun rougeâtre brillant et voilé d'une pellicule mince gris de plomb ; lenticelles petites, saillantes sous la pellicule, assez nombreuses et apparentes.

Boutons à bois moyens, conico-ovoïdes allongés et bien aigus, à direction bien écartée du rameau, soutenus sur des supports peu saillants dont les côtés et l'arête médiane ne se prolongent pas; écailles d'un marron rougeâtre foncé et brillant.

Pousses d'été peu fortes, d'un vert pâle et très-légèrement lavées de rouge du côté du soleil, glabres et à peine glutineuses à leur extrême sommet.

Feuilles des pousses d'été moyennes, obovales, très-sensiblement atténuées du côté du pétiole, se terminant brusquement en une pointe courte et un peu longue, bien repliées sur leur nervure médiane, bordées de dents très-fines, très-peu profondes et aiguës, bien soutenues sur des pétioles moyens, peu forts, bien redressés, entièrement glabres, un peu colorés de rouge et munis de deux petites glandes d'un rouge orangé, tantôt globuleuses, tantôt réniformes.

Stipules très-courtes et très-fines.

Boutons à fruit assez petits, conico-ovoïdes bien aigus, réunis en bouquets serrés sur des dards très-courts et peu forts ; écailles d'un marron rougeâtre peu foncé et brillant.

Fleurs petites ; pétales arrondis-élargis, bien concaves, non échancrés à leur sommet, se recouvrant un peu les uns les autres; divisions du calice moyennes, bien atténuées, aiguës ; pédicelles assez longs et grêles.

Feuilles des productions fruitières petites, obovales, très-sensiblement atténuées du côté du pétiole, se terminant assez peu brusquement en une pointe un peu longue, un peu repliées sur leur nervure médiane, bordées de dents extraordinairement fines, peu profondes et aiguës, assez bien soutenues sur des pétioles un peu longs, très-grêles et cependant fermes.

Caractère saillant de l'arbre : teinte générale du feuillage d'un vert peu foncé et mat ; toutes les feuilles très-sensiblement atténuées du côté du pétiole, repliées plutôt que concaves et bordées d'une serrature remarquablement fine et aiguë ; tous les pétioles fermes.

Fruit assez gros, sphérico-ellipsoïde, s'atténuant à peine un peu plus du côté du point pistillaire, un peu tronqué et non échancré du côté de la queue, moins tronqué ou bien obtus du côté du point pistillaire, à joues largement convexes, largement convexe par une de ses faces, convexe un peu comprimé par son autre face traversée par une ligne de suture inappréciable.

Peau très-fine, mince et tendre, d'abord d'un pourpre clair et mat passant au pourpre plus intense et vif, puis, à l'extrême maturité, **milieu de juillet**, au pourpre brun très-foncé presque noir. Point pistillaire large, un peu creusé dans la pointe du fruit le plus souvent un peu déprimée sur une petite étendue.

Queue longue, assez grêle, souvent colorée de rouge du côté du soleil, attachée dans une cavité étroite, peu profonde et dont les bords sont de niveau.

Chair d'un pourpre intense et vif, tendre, un peu succulente, abondante en jus peu sucré, relevé d'un acide un peu vif et rafraichissant, constituant un fruit de bonne qualité parmi ceux de sa classe.

Noyau proportionné au volume du fruit, ovo-ellipsoïde, un peu tronqué à son point d'attache à la queue, s'atténuant à peine un peu plus du côté de la pointe qui est très-courte et un peu recourbée vers l'arête dorsale, à joues assez peu bombées et un peu plissées seulement vers l'arête dorsale ; suture ventrale finement saillante; arête dorsale épaisse, non saillante, profondément sillonnée, accompagnée de rainures latérales peu appréciables.

NOIRE HATIVE DE COBOURG

(GUIGNE)

[N° 62]

FRÜHE SCHWARZE HERZKIRSCHE AUS COBURG. *Systematisches Handbuch der Obstkunde*. DITTRICH.

OBSERVATIONS. — Cette variété, probablement d'origine allemande, est souvent confondue avec la Guigne pourpre hâtive ou Early Purple des Anglais, que j'ai décrite dans le *Verger;* elle en diffère notablement par les caractères de l'arbre, par la qualité de son fruit qui est d'un pourpre plus intense, et par l'époque de la maturité aussi moins hâtive.

DESCRIPTION.

Rameaux de moyenne force, très-obscurément anguleux dans leur contour, plus distinctement à leur sommet, remarquablement droits, à entrenœuds longs et inégaux entre eux, d'un brun rougeâtre peu foncé et terne presque entièrement recouvert d'une pellicule épaisse et fendillée, sous laquelle saillissent un peu les lenticelles petites, blanchâtres et assez nombreuses.

Boutons à bois moyens, conico-ovoïdes, aigus, à direction peu écartée du rameau, soutenus sur des supports très-peu saillants dont les côtés et l'arête médiane se prolongent peu distinctement; écailles d'un marron rougeâtre foncé et brillant largement bordé de gris blanchâtre.

Pousses d'été droites, allongées, d'un vert clair, lavées d'un rouge clair et un peu vif du côté du soleil.

Feuilles des pousses d'été grandes, ovales un peu élargies, se terminant peu brusquement en une pointe un peu longue et bien aiguë, un peu concaves, bordées de dents larges, profondes, ordinairement seulement doubles et émoussées, soutenues à peu près horizontalement sur des pétioles peu longs, de moyenne force, peu flexibles, peu duveteux, d'un rouge vineux intense et munis de deux grosses glandes réniformes d'un rouge groseille.

Stipules courtes, étroites, élargies en une oreillette peu profondément laciniée, colorées de rouge.

Boutons à fruit moyens, exactement ovoïdes, un peu aigus, réunis assez peu nombreux sur des dards plus ou moins courts et un peu forts; écailles d'un marron uniforme et brillant.

Fleurs assez grandes ; pétales elliptiques-élargis, largement et peu profondément échancrés, à peine concaves ; divisions du calice longues, larges, bien atténuées et aiguës à leur extrémité ; pédicelles courts et grêles.

Feuilles des productions fruitières moyennes, les unes obovales-elliptiques, les autres obovales très-sensiblement atténuées à leur base, se terminant un peu brusquement en une pointe peu longue, un peu concaves, bordées de dents très-larges et peu profondes sur les feuilles les plus allongées, étroites et plus profondes sur les feuilles les plus élargies, soutenues horizontalement sur des pétioles longs, assez forts et raides.

Caractère saillant de l'arbre : teinte générale du feuillage d'un vert clair, mat, comme velouté; toutes les feuilles assez bien soutenues sur leurs pétioles pour un cerisier de cette classe; branches allongées et divergentes; tête irrégulière, sphérique, déprimée.

Fruit petit ou à peine moyen, cordiforme-ovoïde, tronqué et échancré du côté de la queue, largement obtus et à peine échancré du côté du point pistillaire, à joues peu convexes, bien comprimé sur ses deux faces dont l'une est traversée par une dépression le plus souvent peu prononcée, et l'autre par une ligne de suture peu reconnaissable lors de l'entière maturité.

Peau fine, mince, d'abord d'un pourpre clair, puis passant au pourpre vif, et enfin à l'entière maturité, **milieu de juin**, passant au pourpre noir. Point pistillaire blanc, placé dans un petit creux un peu échancré dans ses bords du côté de la ligne de suture.

Queue de moyenne longueur, très-grêle, attachée dans une cavité un peu profonde et assez largement évasée par ses bords.

Chair d'un pourpre des plus intenses, demi-ferme, suffisante en jus sucré, parfumé, relevé, constituant un fruit de toute première qualité, se différenciant de la Guigne pourpre hâtive par l'époque de sa maturité, par sa chair plus succulente, par son jus excellemment sucré, tandis que celui de l'Early Purple est plutôt acide.

Noyau un peu gros pour le volume du fruit, ovoïde un peu épais, arrondi à son point d'attache à la queue, se terminant du côté opposé en une pointe presque imperceptible, à joues bien et uniformément bombées, presque unies dans leur surface, tous les plis qui s'étendent sur les côtés de l'arête dorsale sont peu prononcés; suture ventrale un peu saillante ; arête dorsale large, à peine saillante, un peu creusée à sa partie centrale plutôt que sillonnée sur toute son étendue, accompagnée de rainures latérales peu prononcées.

ROYAL DUKE

(CERISE)

[N° 63]

The Fruits and the fruit-trees America. Downing.
Les Meilleurs Fruits. De Mortillet.
The Fruit Manual. Robert Hogg.

Observations. — Comme son nom semble l'indiquer, on pourrait supposer que cette variété, très-répandue et très-estimée en Angleterre, est la même que celle mentionnée par Duhamel sous le nom de Royale Cherry Duke; mais c'est une variété tout-à-fait différente, ainsi qu'on le verra ci-après, n° 64.

DESCRIPTION.

Rameaux de moyenne force, unis dans leur contour, à entre-nœuds assez courts, d'un brun rougeâtre du côté du soleil et d'un brun verdâtre du côté de l'ombre, en grande partie recouverts d'une pellicule épaisse et souvent fendillée; lenticelles larges, verruqueuses, jaunâtres, irrégulièrement espacées.

Boutons à bois petits, ovoïdes un peu aigus, à direction écartée du rameau, soutenus sur des supports très-peu saillants et dont les côtés ne se prolongent pas; écailles d'un marron peu foncé et terne.

Pousses d'été fortes, courtes, bien droites et fermes, d'un beau vert clair.

Feuilles des pousses d'été moyennes ou presque grandes, elliptiques ou ovales-elliptiques, se terminant brusquement en une pointe peu longue et étroite, exactement planes ou même un peu convexes, bordées de dents doubles, très-peu profondes et obtuses, soutenues à peu près horizontalement sur des pétioles moyens, de moyenne force, duveteux, d'un rouge lie de vin, et munis de deux glandes ovalaires d'un rouge clair.

Stipules courtes, profondément dentées, mais non munies d'oreillette.

Boutons à fruit petits, presque sphériques, réunis nombreux sur des dards courts et un peu forts; écailles d'un marron peu foncé et terne.

Fleurs petites; pétales arrondis, concaves, dressés, un peu panachés de rose au moment de la défloraison; divisions du calice de moyenne longueur, rougeâtres, obscurément dentées; pédicelles de moyenne longueur et grêles.

Feuilles des productions fruitières à peine moyennes, exactement obovales, se terminant brusquement en une pointe courte, très-légèrement concaves, bordées de dents doubles, peu profondes et émoussées, soutenues horizontalement sur des pétioles assez longs, peu forts et cependant fermes.

Caractère saillant de l'arbre : direction perpendiculaire des rameaux; toutes les feuilles planes, presque planes ou légèrement convexes.

Fruit gros, presque sphérique, s'atténuant un peu vers les bords de la cavité de la queue, s'atténuant à peu près de même du côté du point pistillaire autour duquel il est largement aplati, un peu comprimé sur une de ses faces traversée par une ligne de suture peu appréciable, largement convexe par la face opposée.

Peau fine, bien mince, se détachant de la chair, d'abord d'un pourpre vif, puis passant au pourpre foncé, et enfin, à l'entière maturité, **fin de juin et commencement de juillet**, au pourpre noir. Point pistillaire large, jaunâtre, placé dans une dépression peu prononcée.

Queue peu longue, à peine de moyenne force, insérée dans une cavité étroite et peu profonde dont les bords sont réguliers ou presque réguliers.

Chair tendre, fondante, rouge et ruisselante en jus coloré, doux-acidule, rafraîchissant, des plus agréables, constituant un fruit de toute première qualité.

Noyau rougi, petit pour le volume du fruit, irrégulièrement ovoïde, court, tronqué obliquement du côté du point d'attache à la queue, à pointe nulle, à joues bien bombées du côté de la pointe, brusquement comprimées du côté du point d'attache à la queue; suture ventrale saillante; arête dorsale peu saillante, largement sillonnée, accompagnée de rainures latérales peu prononcées. Quelques plis très-courts, partant du point d'attache à la queue et dirigés presque perpendiculairement, s'arrêtent au point où les joues commencent à s'enfler.

ROYALE CHERRY DUKE

(CERISE)

[N° 64]

Traité des Arbres fruitiers. DUHAMEL.

OBSERVATIONS. — D'origine ancienne, puisque Duhamel la connaissait déjà, cette variété qui, d'après son nom, nous serait venue d'Angleterre, est aujourd'hui encore fort peu répandue. Elle n'est pas la même que celle cultivée maintenant en Angleterre sous le nom de Royal Duke, et que je viens de décrire, n° 63.

DESCRIPTION.

Rameaux assez forts, unis dans leur contour, droits, à entre-nœuds assez longs, d'un brun rougeâtre en partie voilé par une pellicule mince, peu adhérente et fendillée ; lenticelles blanchâtres, assez larges, transversales, assez nombreuses et apparentes.

Boutons à bois gros, coniques-allongés et aigus, à direction écartée du rameau, soutenus sur des supports peu saillants dont les côtés et l'arête médiane ne se prolongent pas ; écailles d'un rougeâtre terne.

Pousses d'été d'un vert très-clair, à peine lavées de rouge brun du côté du soleil et peu glutineuses à leur sommet.

Feuilles des pousses d'été assez grandes ou grandes, obovales-allongées à la partie inférieure des pousses, obovales-elliptiques, allongées et plus étroites à la partie supérieure, se terminant assez brusquement en une pointe extraordinairement longue et fine, repliées et non arquées, les premières bordées de dents larges, profondes, surdentées et un peu aiguës, les secondes bordées de dents larges, plusieurs fois surdentées, peu profondes et obtuses, dressées sur des pétioles assez courts, de moyenne force, d'un rouge violacé, glabres et munis de deux ou plusieurs grosses glandes réniformes d'un jaune clair.

Stipules très-courtes, triangulaires et peu profondément dentées.

Boutons à fruit assez petits, conico-ovoïdes, courtement aigus, réunis sur des dards un peu longs et un peu forts; écailles d'un marron rougeâtre terne.

Fleurs petites; pétales arrondis, concaves, dressés, un peu panachés de rose au moment de la défloraison; divisions du calice moyennes, obscurément dentées; pédicelles de moyenne longueur, grêles.

Feuilles des productions fruitières moins grandes que celles des pousses d'été, obovales bien élargies, se terminant très-brusquement en une pointe un peu longue, concaves, bordées de dents larges, assez profondes, peu surdentées et obtuses, bien soutenues sur des pétioles assez courts, assez forts, fermes et redressés.

Caractère saillant de l'arbre: teinte générale du feuillage d'un vert intense et un peu mat; teinte des plus jeunes feuilles d'un vert clair et gai; toutes les feuilles longuement acuminées d'une manière remarquable; rigidité des pétioles.

Fruit gros ou assez gros, sphérico-cordiforme, à peine échancré du côté de la queue et très-largement obtus à son autre extrémité, à joues assez convexes, presque également convexe par ses deux faces à peine aplaties par leur centre.

Peau fine, mince, souple, d'abord d'un pourpre vif, puis passant au pourpre plus intense, et enfin, à l'entière maturité, **fin de juin**, au pourpre très-foncé et cependant conservant un ton toujours vif. Point pistillaire large, blanchâtre, à peine creusé dans la pointe du fruit.

Queue de moyenne longueur, un peu forte, bien épaissie à son point d'attache dans une cavité étroite, peu profonde et presque régulière par ses bords.

Chair rougeâtre, tendre, fondante, abondante en jus un peu colorant, sucré, relevé d'un acide fin et rafraîchissant, constituant un fruit de toute première qualité.

Noyau petit pour le volume du fruit, ellipsoïde, court et épais, presque sphérique s'il n'était irrégulièrement tronqué à son point d'attache à la queue, à joues bien bombées et finement plissées du côté de l'arête dorsale; suture ventrale bien fine et peu appréciable; arête dorsale un peu saillante, surtout vers le point d'attache, finement et profondément sillonnée, accompagnée de rainures latérales larges et très-peu creusées.

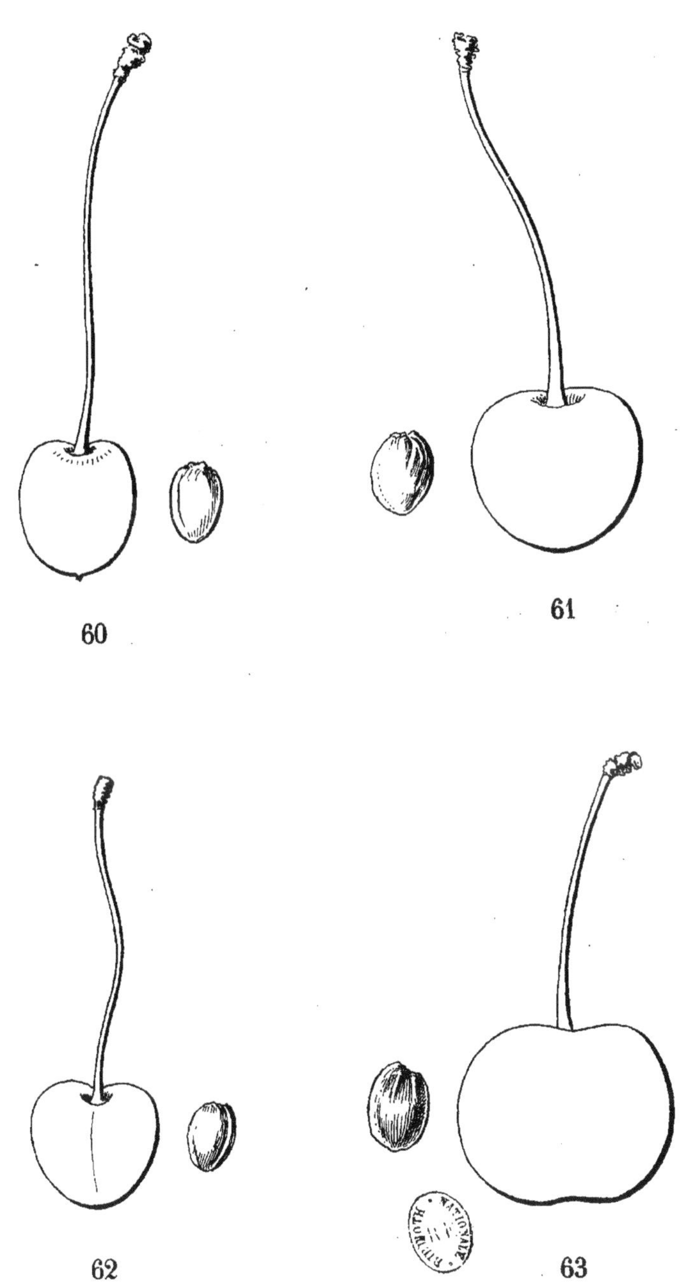

60. JEFFREY'S DUKE. 61. GRIOTTE D'ALLEMAGNE.

62. NOIRE HATIVE DE COBOURG. 63. ROYAL DUKE.

Paingeon. Del. ères. Mâcon.

WOHLTRAGENDE HOLLANDISCHE

(GRIOTTE)

[N° 65]

Illustrirtes Handbuch der Obstkunde. OBERDIECK.

OBSERVATIONS. — J'ai reçu cette variété d'Allemagne, mais son nom fait supposer qu'elle est d'origine hollandaise.

DESCRIPTION.

Rameaux peu forts, unis ou presque unis dans leur contour, presque droits, à entre-nœuds assez courts et inégaux entre eux, d'un brun rougeâtre entièrement voilé par une pellicule d'apparence métallique; lenticelles blanches, petites, assez nombreuses et un peu saillantes sous la pellicule.

Boutons à bois moyens, conico-ovoïdes, un peu épais, obtus ou émoussés, à direction écartée du rameau, soutenus sur des supports saillants dont les côtés et l'arête médiane ne se prolongent pas; écailles d'un marron rougeâtre intense et terne.

Pousses d'été d'un vert intense et vif, non lavées de rouge du côté du soleil et non glutineuses à leur sommet.

Feuilles des pousses d'été assez petites, ovales-allongées, se terminant un peu brusquement en une pointe extraordinairement longue, creusées et non arquées, ordinairement sensiblement ondulées, bordées de dents fines, assez peu profondes, presque toujours surdentées et obtuses, bien soutenues sur des pétioles extraordinairement courts, peu forts, un peu redressés et bien fermes.

Stipules très-courtes, finement dentées.

Boutons à fruit petits, ovo-ellipsoïdes, obtus, peu nombreux sur des dards assez courts et peu forts; écailles d'un marron rougeâtre peu foncé et terne.

Fleurs moyennes; pétales bien arrondis et bien concaves; divisions du calice assez courtes, bien larges, dentées et bien obtuses à leur extrémité; pédicelles très-courts et grêles.

Feuilles des productions fruitières plus petites que celles des pousses d'été, obovales, très-brusquement atténuées vers le pétiole, se terminant peu brusquement en une pointe très-large et peu aiguë, à peine concaves et le plus souvent largement ondulées ou contournées, bordées de dents fines, assez peu profondes, obtuses ou émoussées, bien dressées sur des pétioles très-courts, peu forts et bien raides.

Caractère saillant de l'arbre : teinte générale du feuillage d'un vert bleu intense et mat; toutes les feuilles remarquablement fermes et épaisses, le plus souvent ondulées; tous les pétioles extraordinairement courts et raides; feuilles des pousses d'été très-longuement acuminées.

Fruit moyen ou assez gros, ellipsoïde-court et comprimé, à peine tronqué soit du côté de la queue, soit du côté du point pistillaire, à joues largement convexes, également comprimé par ses faces largement convexes-aplaties et dont l'une est traversée par une ligne de suture peu appréciable.

Peau fine, mince, tendre, d'abord d'un pourpre vif, puis d'un pourpre plus intense et passant, à l'entière maturité, **milieu de juillet,** au pourpre brun très-foncé et cependant brillant. Point pistillaire large, blanchâtre, placé dans une cavité étroite et un peu profonde.

Queue de moyenne longueur, peu forte, d'un vert vif, un peu épaissie à son point d'attache dans une cavité étroite, peu profonde et dont les bords s'abaissent à peine de chaque côté des faces.

Chair d'un pourpre intense et vif, tendre, assez fondante, abondante en jus bien colorant, à peine sucré, vivement acidulé, constituant un fruit agréable seulement à l'extrême maturité.

Noyau proportionné au volume du fruit, ovo-ellipsoïde, bien atténué soit à son point d'attache à la queue, soit à son autre extrémité où il se termine en une petite pointe assez visible et aiguë, à joues peu bombées et unies dans leur surface; suture ventrale bien saillante; arête dorsale bien épaisse, saillante, largement et profondément sillonnée, accompagnée de rainures latérales larges et profondément creusées surtout du côté de la pointe.

GUIGNE JAUNE DORÉE

(GUIGNE)

[N° 66]

GOLDGELBE HERZKIRSCHE. *Illustrirtes Handbuch der Obstkunde.* OBERDIECK.
Systematisches Handbuch der Obstkunde. DITTRICH.

OBSERVATIONS. — Truchsess obtint cette variété de Kraft, de Vienne (Autriche), en 1793, et sous le nom de Kleine Ambra ou Goldgelbe Herzkirsche.

DESCRIPTION.

Rameaux peu forts, un peu anguleux dans leur contour, à entre-nœuds courts, jaunâtres du côté de l'ombre, un peu brunis et recouverts d'une pellicule très-mince du côté du soleil; lenticelles petites, peu nombreuses et peu apparentes.

Boutons à bois petits, conico-ovoïdes, un peu aigus, à direction écartée du rameau, soutenus sur des supports un peu saillants dont les côtés et l'arête médiane se prolongent un peu distinctement; écailles d'un marron rougeâtre clair et brillant finement bordé de blanc argenté.

Pousses d'été........

Feuilles des pousses d'été........

Stipules........

Boutons à fruit petits, ovoïdes, finement et courtement aigus, réunis assez peu nombreux sur des dards courts et un peu forts; écailles d'un marron rougeâtre clair et brillant finement bordé de blanc argenté.

Fleurs petites; pétales elliptiques-élargis, distinctement échancrés à leur sommet, presque planes; divisions du calice longues, peu larges, non atténuées et obtuses à leur extrémité; pédicelles longs, un peu forts, d'un vert pâle comme les divisions du calice.

Feuilles des productions fruitières........

Caractère saillant de l'arbre........

Fruit petit ou assez petit, exactement cordiforme, peu tronqué et largement échancré du côté de la queue, s'atténuant assez sensiblement pour se terminer à son autre extrémité en une pointe peu obtuse, à joues largement convexes, presque également comprimé par ses faces, dont l'une est parfois à peine aplatie sur son centre, et l'autre est traversée par une ligne de suture souvent finement creusée et un peu distincte par sa couleur à peine plus foncée.

Peau mince, fine, conservant un goût un peu herbacé, d'abord d'un blanc jaunâtre, puis passant à la maturité, **dernière quinzaine de juin,** au jaune canari plus ou moins doré du côté du soleil. Point pistillaire petit, roussâtre, à peine creusé dans la pointe du fruit.

Queue assez longue, peu forte ou grêle, d'un vert pâle, attachée dans une cavité peu profonde, évasée, dont les bords s'abaissent le plus souvent des deux côtés ou rarement se relèvent à peine du côté de la ligne de suture.

Chair d'un jaune très-clair, transparente, tendre, suffisante en jus sucré plus richement à mesure que sa maturité est plus avancée ou même dépassée, et alors s'atténue une amertume ou sorte de goût herbacé résidant dans la peau.

Noyau proportionné au volume du fruit, ovo-ellipsoïde court, un peu obliquement tronqué à son point d'attache, largement obtus à son autre extrémité, à joues peu bombées, très-finement plissées vers le point d'attache; suture ventrale finement saillante; arête dorsale très-peu épaisse et un peu saillante, très-finement et très-peu profondément sillonnée, accompagnée de rainures latérales très-étroites et très-peu creusées.

BIGARREAU DE NAPLES

(NEAPOLITANISCHE KNORPELKIRSCHE)

(BIGARREAU)

[N° 67]

Anleitung des besten Obstes. OBERDIECK.

OBSERVATIONS. — Variété d'origine inconnue, propagée et estimée en Allemagne. — L'arbre est vigoureux, précoce au rapport, fertile. Son fruit est d'assez bonne qualité.

DESCRIPTION.

Rameaux.......

Boutons à bois.......

Pousses d'été d'un vert pâle et un peu lavé de fauve du côté du soleil.

Feuilles des pousses d'été bien grandes, elliptiques, se terminant peu brusquement en une pointe longue et large, peu concaves ou presque planes, bordées de dents bien larges, écartées, assez peu profondes, surdentées et émoussées, s'abaissant un peu sur des pétioles un peu longs, forts, un peu souples, glabres et munis de deux très-grosses glandes réniformes d'un rouge clair.

Stipules courtes, fines, peu élargies à leur base en une oreillette, finement laciniées.

Boutons à fruit.......

Fleurs moyennes; pétales elliptiques-arrondis, à peine échancrés, peu concaves; divisions du calice assez longues, larges, non atténuées, bien obtuses; pédicelles de moyenne longueur et de moyenne force.

Feuilles des productions fruitières encore plus grandes que celles des pousses d'été, obovales-allongées et élargies, se terminant un peu brusquement en une pointe peu longue, fine et ordinairement contournée, concaves et bien ondulées, bordées de dents moins larges, un peu plus profondes et plus aiguës qu'aux feuilles des pousses d'été, retombant sur des pétioles bien longs, forts et souples.

Caractère saillant de l'arbre : teinte générale du feuillage d'un vert pré intense et mat; ampleur remarquable de toutes les feuilles; feuilles des productions fruitières bien ondulées; tous les pétioles plus ou moins longs, forts et souples.

Fruit moyen, cordiforme-obtus, un peu tronqué et à peine échancré du côté de la queue, très-largement obtus du côté du point pistillaire, assez convexe par ses joues, également convexe par une de ses faces, convexe-comprimé par l'autre face traversée par une ligne de suture bien apparente par sa couleur plus foncée.

Peau ferme, d'abord d'un rouge clair pendant un mois, puis à la maturité, **milieu et fin d'août,** frappé par places d'un rouge intense et des plus vifs. Point pistillaire roussâtre, attaché dans une petite cavité creusée dans la pointe du fruit.

Queue assez longue, de moyenne force, attachée dans une cavité très-peu profonde, évasée et presque unie par ses bords.

Chair bien jaune, ferme, serrée, croquante, peu abondante en jus sucré, acidulé, assez agréablement relevé, constituant un fruit de bonne qualité pour l'époque tardive de sa maturité.

Noyau proportionné au volume du fruit, irrégulièrement ellipsoïde, largement et un peu obliquement tronqué à son point d'attache à la queue, très-largement obtus à son autre extrémité, à joues bien bombées et ordinairement non plissées dans leur surface; suture ventrale un peu saillante; arête dorsale épaisse, bien saillante vers le point d'attache; rainures latérales peu appréciables.

GUIGNE MARJOLET

(GUIGNE)

[N° 68]

BIGARREAU MARJOLET. *Revue horticole.* 1866. DURUPT.

OBSERVATIONS. — Obtenue en Bourgogne par l'amateur dont elle porte le nom (1).

DESCRIPTION.

Rameaux.......

Boutons à bois........

Pousses d'été d'un vert clair et mat, à peine lavées de rouge brun du côté du soleil et peu glutineuses à leur sommet.

Feuilles des pousses d'été grandes, ovales ou ovales-elliptiques, très-peu atténuées du côté du pétiole et à peine un peu plus élargies à leur autre extrémité, se terminant peu brusquement en une pointe longue et un peu large, un peu concaves, bordées de dents très-larges, assez peu profondes, peu surdentées et bien obtuses, assez peu soutenues sur des pétioles courts, extraordinairement forts, un peu souples, colorés de rouge vineux intense, duveteux et munis de deux glandes réniformes d'un jaune orangé.

Stipules courtes, élargies en une oreillette très-profondément laciniée.

Boutons à fruit........

Fleurs moyennes ; pétales elliptiques, largement échancrés, peu concaves, se recouvrant peu entre eux ; divisions du calice longues, larges, peu atténuées, bien obtuses ; pédicelles moyens et assez grêles.

Feuilles des productions fruitières moins grandes que celles des pousses d'été, obovales très-élargies, se terminant très-brusquement en une

(1) Cette variété a été décrite dans la *Revue horticole*, de telle façon qu'il y a lieu de supposer que l'auteur de cette description n'avait pas eu sous les yeux la véritable variété que M. Marjolet a propagée.

pointe courte, peu concaves, bordées de dents fines, peu profondes et bien émoussées, assez peu soutenues sur des pétioles courts, forts et un peu souples.

Caractère saillant de l'arbre : teinte générale du feuillage d'un beau vert pré plus foncé sur les feuilles des productions fruitières; ampleur remarquable des feuilles des pousses d'été ; tous les pétioles courts et ceux des feuilles des pousses d'été extraordinairement forts.

Fruit gros ou assez gros, sphérico-cordiforme, largement tronqué à ses deux pôles et à peine échancré du côté de la queue, à joues bien convexes, peu comprimé par ses faces, dont l'une, un peu saillante, est traversée par une ligne de suture inappréciable, et l'autre par une dépression à peine creusée.

Peau peu épaisse, souple, d'abord d'un pourpre intense, puis passant à la maturité, **première quinzaine de juin,** au pourpre noir bien uniforme. Point pistillaire très-large, blanchâtre, placé dans une petite dépression au centre de la pointe tronquée du fruit.

Queue peu longue, peu forte, attachée dans uno cavité un peu profonde, largement évasée et dont les bords sont presque réguliers.

Chair d'un pourpre intense, tendre, molle, fondante, abondante en jus bien colorant, sucré, légèrement acidulé, un peu vineux, agréable, constituant un fruit de bonne qualité.

Noyau assez petit pour le volume du fruit, ellipso-ovoïde, court, peu tronqué à son point d'attache à la queue, largement obtus à son autre extrémité, à joues assez peu bombées sur lesquelles trois plis courts partent du point d'attache et se prolongent très-peu ; suture ventrale saillante et tranchante ; arête dorsale comprimée, largement sillonnée, accompagnée de rainures latérales peu prononcées, mais dont les bords se relèvent bien et deviennent tranchants du côté de la pointe.

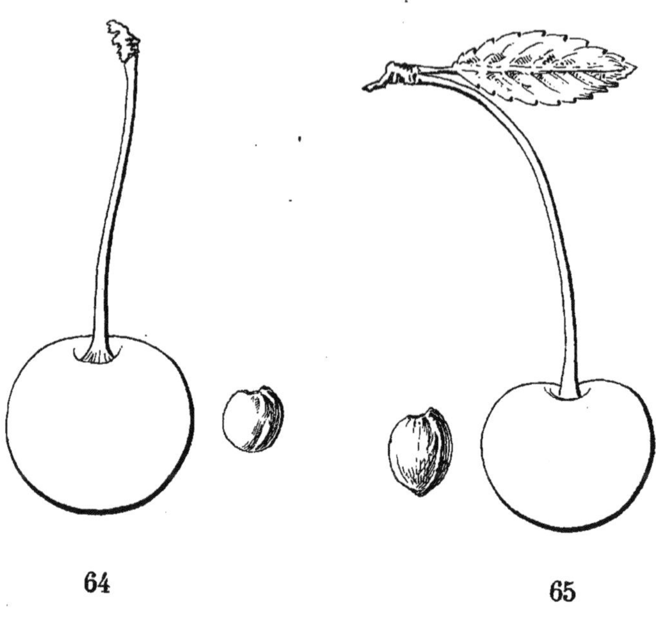

64

65

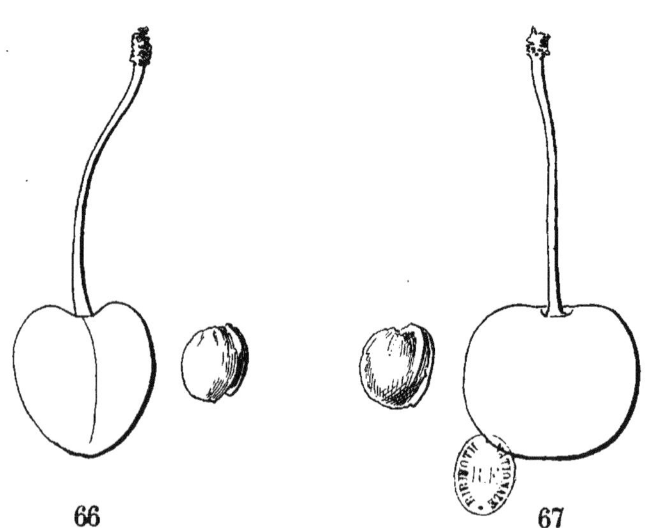

66

67

64. ROYALE CHERRY DUKE.

65. WOHLTRAGENDE HOLLANDISCHE.

66. GUIGNE JAUNE DORÉE.

67. BIGARREAU DE NAPLES.

…geon, D…

Imp. Protat frères, Mâcon.

BELLE DE COUCHEY

(GUIGNE)

[N° 69]

Revue horticole. 1866. DURUPT.

OBSERVATIONS. — Variété trouvée à Couchey, village de la Côte-d'Or, à 8 kilomètres de Dijon. Un vigneron, nommé Raton, qui travaillait dans la ferme du château de Couchey, découvrit ce semis en 1715 ; aussi est-elle quelquefois appelée Cerise Raton, nom sous lequel elle est connue dans le département de la Côte-d'Or, et même dans les départements environnants.

DESCRIPTION.

Rameaux très-forts, unis dans leur contour et à peine anguleux à leur partie supérieure, droits, à entre-nœuds courts, d'un brun rougeâtre peu foncé et entièrement voilé d'une pellicule métallique.

Boutons à bois moyens ou assez petits, conico-ovoïdes, obtus ou émoussés, à direction écartée du rameau, soutenus sur des supports un peu saillants dont les côtés et l'arête médiane ne se prolongent pas; écailles d'un marron clair.

Pousses d'été........

Feuilles des pousses d'été........

Stipules........

Boutons à fruit petits, ovoïdes, courts et émoussés, réunis assez nombreux sur des dards très-courts et très-épais; écailles d'un marron rougeâtre clair.

Fleurs moyennes; pétales très-élargis, à peine ou non échancrés, peu concaves, se recouvrant largement entre eux; divisions du calice longues, peu larges ou étroites, souvent atténuées, aiguës ou presque aiguës; pédicelles assez courts et peu forts.

Feuilles des productions fruitières........

Caractère saillant de l'arbre........

Fruit gros, cordiforme assez court, un peu échancré du côté de la queue et un peu tronqué du côté du point pistillaire, souvent irrégulier et bosselé dans son contour, à joues largement convexes, comprimé sur ses deux faces, dont l'une, un peu plus saillante, est traversée par une ligne de suture apparente par sa couleur avant l'entière maturité, et dont l'autre est parcourue dans sa hauteur par un sillon ou une dépression un peu prononcée.

Peau tendre, d'abord d'un pourpre clair, puis devenant intense, et à l'entière maturité, **fin de juin**, passant au pourpre noir. Point pistillaire blanchâtre, placé dans une petite cavité creusée dans la pointe du fruit qu'elle fait souvent paraître comme un peu échancré.

Queue longue, grêle, d'un vert vif, attachée dans une cavité large et profonde et dont les bords s'abaissent sur le trajet de la ligne de suture au sillon qui lui correspond.

Chair tendre et cependant succulente, d'un pourpre intense, abondante en jus colorant, doux, sucré, agréablement relevé, constituant un fruit de bonne qualité, mais à ranger parmi les Guignes et non parmi les Bigarreaux; malgré sa chair tendre, elle a cependant assez de consistance pour bien supporter le transport.

Noyau petit pour le volume du fruit, ovoïde un peu court et un peu élargi, plutôt arrondi que tronqué à son point d'attache à la queue, se terminant à son autre extrémité en une pointe presque imperceptible, à joues peu bombées, presque entièrement unies, presque imperceptiblement plissées vers le point d'attache; suture ventrale très-fine et à peine appréciable; arête dorsale peu saillante, un peu émoussée, faiblement sillonnée sur la moitié de sa longueur, accompagnée de rainures latérales peu prononcées.

BLANC D'ESPAGNE

(BIGARREAU)

[N° 70]

Les Meilleurs Fruits. DE MORTILLET.

OBSERVATIONS. — Cette variété, dont le nom peut faire supposer l'origine, est parfois confondue avec l'ancien Bigarreau blanc, décrit par M. de Mortillet sous le nom de Gros Bigarreau blanc.

DESCRIPTION.

Rameaux........

Boutons à bois........

Pousses d'été d'un vert clair et vif, non lavées de rouge du côté du soleil et peu glutineuses à leur sommet.

Feuilles des pousses d'été moyennes, ovales-allongées et un peu larges, se terminant un peu brusquement en une pointe longue, peu creusées, bordées de dents assez profondes, doubles et émoussées, mal soutenues sur des pétioles moyens, grêles et souples.

Stipules moyennes, élargies en une oreillette laciniée.

Boutons à fruit........

Fleurs........

Feuilles des productions fruitières moyennes ou petites, obovales, se terminant brusquement en une pointe courte et fine, peu concaves, bordées de dents fines, assez peu profondes, un peu couchées et un peu aiguës, assez peu soutenues sur des pétioles moyens, grêles et flexibles.

Caractère saillant de l'arbre : teinte générale du feuillage d'un vert pré mat ; tous les pétioles grêles et flexibles.

Fruit moyen ou presque gros, cordiforme, court et très-obtus, un peu tronqué et échancré du côté de la queue, largement obtus et souvent un peu échancré du côté du point pistillaire, à joues assez convexes, également comprimé par ses faces, dont l'une est traversée par un sillon peu prononcé, et l'autre par une ligne de suture apparente par sa couleur et très-souvent aussi parcourant le fond d'un sillon plus étroit que celui de la face opposée.

Peau un peu ferme, d'abord d'un blanc de porcelaine, puis passant à la maturité, **fin de juin**, au jaune paille un peu transparent du côté du soleil, sur lequel on pressent comme un soupçon de rose. Point pistillaire brunâtre, placé au point de jonction des deux sillons, de telle manière que le fruit est un peu échancré à sa pointe.

Queue de moyenne longueur, bien grêle, d'un vert pâle, attachée presque à fleur du fruit dans une cavité très-peu profonde, évasée par ses bords qui s'abaissent au point de départ des deux sillons.

Chair d'un blanc à peine teinté de jaune, transparente, assez ferme, croquante, abondante en jus bien sucré, délicatement parfumé, constituant un fruit de première qualité.

Noyau petit pour le volume du fruit, ovoïde-court, bien arrondi à son point d'attache à la queue, s'atténuant promptement pour se terminer à son autre extrémité en une petite pointe un peu saillante, à joues assez bombées et à peine plissées vers le point d'attache ; suture ventrale finement saillante et tranchante vers la pointe ; arête dorsale peu épaisse, peu saillante, peu profondément sillonnée, accompagnée de rainures latérales larges, bien creusées et dont les bords sont vivement taillés.

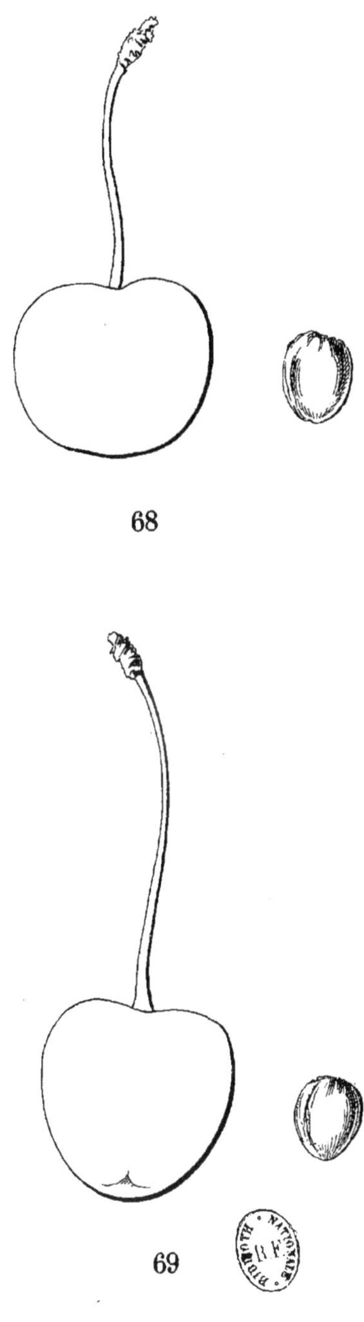

68. GUIGNE MARJOLET.

69. BELLE DE COUCHEY.

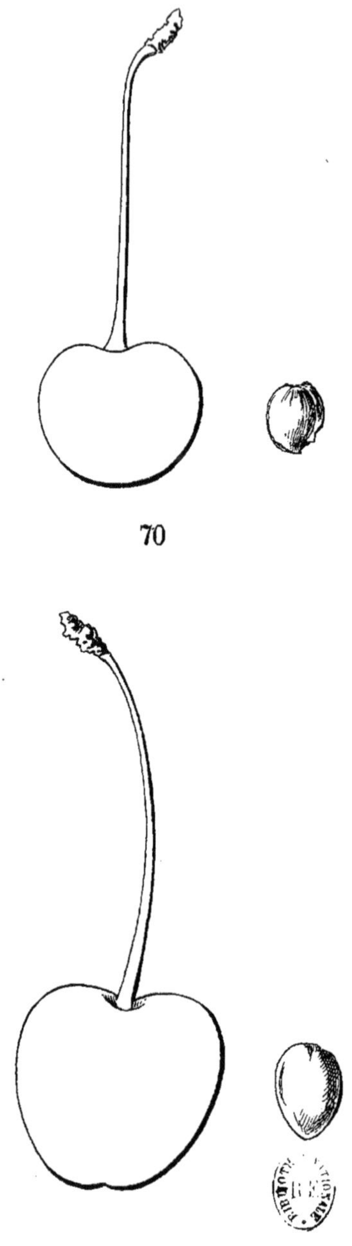

70. BLANC D'ESPAGNE.

GROSSE GOMBOLLOISE. (Page 150).

CERISE CHOQUE

(GUIGNE)

[N° 71]

Revue horticole. 1870. THOMAS.
CHOQUE. *Catalogue* SIMON-LOUIS, de Metz. 1863-1864.

OBSERVATIONS. — Originaire de la côte des Choques, au village de Rombas, près de Metz. — L'arbre est vigoureux; sa fertilité est abondante et soutenue. Son fruit est recherché dans la localité et s'emploie surtout pour les conserves.

DESCRIPTION.

Rameaux........

Boutons à bois........

Pousses d'été d'un vert pâle à l'ombre, bien colorées d'un rouge brun intense du côté du soleil.

Feuilles des pousses d'été assez grandes, ovales un peu allongées et souvent bien élargies, se terminant presque régulièrement en une pointe longue et recourbée, peu repliées et bien arquées, bordées de dents très-profondes, une fois et largement surdentées et un peu aiguës, se recourbant bien et mollement soutenues par des pétioles de moyenne longueur, de moyenne force, bien souples, glabres, d'un rouge vineux et munis de deux ou trois grosses glandes réniformes d'un rouge intense.

Stipules assez longues, fines, colorées de rouge, élargies en une oreillette, très-profondément laciniées.

Boutons à fruit........

Fleurs petites; pétales rhomboïdaux, élargis à leur sommet, profondément échancrés; divisions du calice assez longues et finement aiguës, souvent bien colorées de rouge vineux; pédicelles assez courts et grêles.

Feuilles des productions fruitières très-inégales entre elles, moyennes ou petites, les unes obovales-allongées, les autres obovales-courtes, se terminant un peu brusquement en une pointe courte, concaves et ondulées, bordées de dents un peu profondes, couchées, un peu aiguës ou un peu émoussées, très-mal soutenues sur des pétioles longs, grêles et très-flexibles.

Caractère saillant de l'arbre : teinte générale du feuillage d'un vert herbacé et mat ; feuilles des pousses d'été dentées très-profondément d'une manière remarquable et bien recourbées par leur pointe ; toutes les feuilles plus ou moins pendantes sur leurs pétioles.

Fruit assez gros, d'un rouge foncé à la maturité, **fin de juin.**

Peau........

Queue........

Chair blanche, un peu teintée de rose, ferme, abondante en jus très-sucré ; cette variété est très-appréciée pour les conserves.

Noyau........

CERISIERS

DONT LA DESCRIPTION N'A PAS ÉTÉ ACHEVÉE

Amarelle Süsse.

Pousses d'été très-légèrement flexueuses, d'un vert très-clair légèrement lavé de brun du côté du soleil.— Feuilles des pousses d'été moyennes, ovales-elliptiques, se terminant assez brusquement en une pointe un peu longue, bien concaves ou creusées, bordées de dents un peu larges, un peu profondes, une ou deux fois surdentées et émoussées, bien dressées sur des pétioles courts, très-forts, raides, d'un rouge vineux, presque lisses, munis de deux glandes réniformes jaunes, attachées tout-à-fait à la base du limbe et souvent sur le limbe lui-même. — Stipules courtes, élargies à leur base en une oreillette, très-finement et très-peu profondément laciniées. — Fleurs assez grandes; pétales très-largement arrondis, très-largement et très-peu profondément échancrés, concaves, repliés sur leur centre, se recouvrant largement entre eux; divisions du calice larges, très-brusquement atténuées en une pointe imperceptible ou nulle, à peine dentées, teintées de rouge vineux; pédicelles extraordinairement courts et forts. — Feuilles des productions fruitières à peine moyennes, obovales-elliptiques, se terminant un peu brusquement en une pointe très-courte, bien creusées en gouttière, bordées de dents larges, doubles, plusieurs fois surdentées et assez aiguës, bien soutenues sur des pétioles courts, forts et raides. — Caractère saillant de l'arbre : teinte générale du feuillage d'un vert intense et un peu mat; toutes les feuilles épaisses et bien creusées en gouttière; tous les pétioles forts et raides.

Belle de Marienhohe.

Pousses d'été extraordinairement fortes, colorées de rouge brun sur presque tout leur contour, très-glutineuses et sur une grande longueur à leur sommet.— Feuilles des pousses d'été très-grandes, obovales un peu allongées, se terminant un peu brusquement en une pointe peu longue, largement creusées en gouttière, bordées de dents très-larges, extraordinairement profondes et aiguës, s'abaissant peu sur des pétioles moyens, très-forts, un peu souples, colorés d'un rouge lie de vin intense, un peu duveteux et munis de deux très-grosses glandes réniformes, raccourcies ou presque globuleuses. — Stipules extraordinairement longues, dentées, laciniées à leur base. — Fleurs assez petites; pétales ovales-élargis ou allongés, ondulés dans leur contour, peu profondément échancrés, peu concaves, se touchant entre eux; divisions du calice moyennes, bien atténuées, presque aiguës; pédicelles moyens ou assez longs et forts. — Feuilles des productions fruitières grandes, les unes obovales-allongées, les autres obovales-élargies, bien sensiblement atténuées du côté du pétiole, se terminant brusquement en une pointe longue et finement aiguë, peu concaves, bordées de dents profondes, peu aiguës ou émoussées, soutenues horizontalement sur des pétioles moyens, forts et peu souples. — Caractère saillant de l'arbre : teinte générale du feuillage d'un beau vert intense ; ampleur remarquable de toutes les feuilles ; pousses d'été et pétioles bien forts ; stipules extraordinairement longues ; aspect général d'une très-grande vigueur.

Bigarreau blanc précoce.

Pousses d'été très-fortes, droites, d'un vert pâle, à peine rougies du côté du soleil et à leur sommet à peine duveteux. — Feuilles des pousses d'été très-grandes, ovales-allongées et larges, maintenant leur plus grande largeur presque jusqu'à leur base, les supérieures se terminant régulièrement en une longue pointe, les inférieures se terminant au contraire brusquement, bien creusées et non arquées, bordées de dents larges, profondes, peu profondément surdentées, s'abaissant un peu sur des pétioles un peu courts ou moyens, très-forts, un peu flexibles, duveteux, d'un rouge vineux et munis de deux glandes réniformes d'un rouge orangé et extraordinairement grosses. — Stipules longues, élargies à leur base en une oreillette, profondément laciniées. — Fleurs assez grandes ; pétales obovales-arrondis, profondément échancrés à leur sommet, à peine concaves ; divisions du calice moyennes, bien larges, brusquement atténuées, un peu obtuses, très-finement dentées ; pédicelles de moyenne longueur et de moyenne force. — Feuilles des productions fruitières beaucoup moins grandes que celles des pousses d'été, obovales, se terminant brusquement en une pointe peu longue, concaves, bordées de dents assez fines, un peu profondes et bien émoussées, mal soutenues sur des pétioles de moyenne longueur, de moyenne force et bien flexibles. — Caractère saillant de l'arbre : teinte générale du feuillage d'un vert bien intense ; toutes les feuilles amples, bien creusées ou concaves ; aspect général d'une très-grande vigueur ; branches érigées.

Bigarreau de Florence.

Pousses d'été de moyenne force, droites, un peu souples, d'un vert clair, à peine lavées de rouge à leur sommet un peu duveteux. — Feuilles des pousses d'été grandes, ovales-allongées et élargies, maintenant leur largeur jusque vers le pétiole et d'une manière caractéristique, se terminant plus ou moins brusquement en une longue pointe, concaves, largement ondulées, bordées de dents peu larges, peu profondes, le plus souvent simples ou seulement doubles, assez peu soutenues sur des pétioles de moyenne longueur, forts, un peu flexibles, d'un rouge vineux, duveteux et munis de glandes d'un rouge clair, tantôt réniformes, tantôt presque globuleuses. — Stipules assez longues, profondément dentées ou laciniées, le plus souvent non élargies en oreillette. — Fleurs assez grandes ; pétales obovales, bien élargis à leur sommet peu profondément échancré, bien atténués à leur base, peu concaves ; divisions du calice moyennes, atténuées, presque aiguës ; pédicelles un peu longs et un peu forts. — Feuilles des productions fruitières moins grandes que celles des pousses d'été, obovales un peu élargies, se terminant brusquement en une pointe courte, bien concaves, bordées de dents fines, peu profondes, un peu aiguës ou émoussées, peu soutenues sur des pétioles courts, peu forts et flexibles. — Caractère saillant de l'arbre : teinte générale du feuillage d'un vert clair ; feuilles des pousses d'été remarquablement élargies à leur base ; branches bien pendantes.

Bigarreau de Mezel.

Pousses d'été d'un vert pâle un peu jaune, bien lavées d'un rouge clair et vif du côté du soleil, glutineuses à leur sommet. — Feuilles des pousses d'été grandes, obovales-elliptiques et allongées, se terminant peu brusquement en une pointe très-longue, peu repliées et souvent largement ondulées, bordées de dents écartées, un peu profondes, un peu émoussées ou un peu aiguës, mal soutenues sur des pétioles longs, forts, bien souples, colorés de rouge vineux intense, duveteux et munis de deux petites glandes réniformes d'un rouge cerise vif. — Stipules courtes, fines, élargies à leur base en une oreillette finement laciniée. — Fleurs grandes ; pétales obovales bien élargis, un peu concaves ; divisions du calice longues et aiguës ; pédicelles assez forts et un peu longs. — Feuilles des productions fruitières bien moins grandes que celles des pousses d'été et même assez petites, obovales-elliptiques, se terminant brusquement en une pointe courte, concaves, bordées de dents bien fines, peu profondes et aiguës, mal soutenues sur des pétioles courts, grêles et flexibles. — Caractère saillant de l'arbre : teinte générale du feuillage d'un vert vif et brillant comme recouvert d'un vernis ; feuilles des pousses bien allongées et longuement acuminées ; toutes les feuilles mollement soutenues sur leurs pétioles.

Bigarreau jaune de Buttner.

Pousses d'été d'un vert clair et lavées de rouge vineux du côté du soleil, entièrement glabres et non glutineuses à leur sommet. — Feuilles des pousses d'été moyennes, obovales-élargies, se terminant brusquement en une pointe courte, concaves, ordinairement irrégulièrement découpées dans leur contour et bordées de dents inégales entre elles, un peu larges, peu profondes et souvent bien émoussées, soutenues horizontalement sur des pétioles moyens, de moyenne force, à peine duveteux, un peu souples et munis de deux grosses glandes réniformes d'un vert jaune. — Stipules extraordinairement longues et profondément laciniées à leur base. — Fleurs petites ; pétales elliptiques-arrondis, à peine échancrés, peu concaves, se recouvrant à peine entre eux ; divisions du calice longues, étroites, aiguës, d'un vert très-clair comme les pédicelles qui sont de moyenne longueur et très-grêles. — Feuilles des productions fruitières assez petites, obovales-elliptiques et élargies, se terminant un peu brusquement en une pointe courte, concaves, plus régulières dans leur contour que celles des pousses d'été, bordées de dents fines, peu profondes et plus ou moins émoussées, assez peu soutenues sur des pétioles moyens, grêles et flexibles. — Caractère saillant de l'arbre : teinte générale du feuillage d'un vert très-clair et gai ; toutes les feuilles plutôt un peu élargies qu'allongées ; longueur extraordinaire des stipules.

Bigarreau rouge pourpre.

Pousses d'été d'un vert pâle, à peine lavées de rouge du côté du soleil et glutineuses à leur sommet. — Feuilles des pousses d'été moyennes, un peu obovales, un peu allongées et surtout élargies, se terminant un peu brusquement en une pointe un peu longue et étroite, à peine concaves, bordées de dents assez larges, assez profondes et plus ou moins aiguës, mal soutenues sur des pétioles courts, peu forts et souples, colorés de rouge vineux, duveteux et munis de deux glandes réniformes d'un rouge orangé vif. — Stipules moyennes, fines, un peu élargies en une oreillette, profondément laciniées. — Fleurs petites ; pétales elliptiques, bien concaves, se touchant entre eux ; divisions du calice longues, peu larges, non atténuées et obtuses ; pédicelles assez courts et grêles. — Feuilles des productions fruitières moins grandes que celles des pousses d'été, obovales-élargies, brusquement atténuées vers le pétiole, se terminant brusquement en une pointe courte, concaves et à peine ondulées, bordées de dents fines, assez peu profondes et émoussées, mal soutenues sur des pétioles peu longs, peu forts et assez souples. — Caractère saillant de l'arbre : teinte générale du feuillage d'un vert pré peu foncé et mat ; toutes les feuilles plutôt élargies qu'allongées ; tous les pétioles peu longs ou courts.

Brandywine.

Downing.

Pousses d'été d'un vert pâle un peu jaunâtre, lavées de rouge sanguin à leur sommet et un peu duveteuses sur toute leur longueur. — Feuilles des pousses d'été assez grandes, obovales-allongées ou obovales-élargies, se terminant brusquement en une pointe courte, peu repliées et quelquefois très-largement ondulées, bordées de dents assez larges, assez profondes, le plus souvent doubles et obtuses, pendantes sur des pétioles bien longs, forts, très-flexibles, d'un rouge violacé intense, bien duveteux et munis de deux ou trois grosses glandes réniformes d'un rouge clair. — Stipules courtes, fines, à peine élargies à leur base, très-finement laciniées. — Feuilles des productions fruitières petites, obovales, se terminant très-brusquement en une pointe courte, bien creusées en gouttière, bordées de dents fines, assez peu profondes et bien obtuses, mal soutenues ou pendantes sur des pétioles courts, grêles et très-flexibles. — Caractère saillant de l'arbre : teinte générale du feuillage d'un vert clair et gai ; toutes les feuilles bien creusées et pendantes.

Cerise a trochets.

Rameaux fluets, presque droits, bien unis dans leur contour, à entre-nœuds courts et inégaux entre eux, de couleur marron foncé presque entièrement voilée d'une pellicule plombée. — Boutons à bois petits, coniques, courts, renflés sur le dos, obtus, à direction un peu écartée du rameau, soutenus sur des supports peu saillants et dont les côtés ne se prolongent pas longtemps ; écailles d'un marron clair et brillant. — Pousses d'été à peine flexueuses, d'un vert clair à l'ombre, d'un vert décidé du côté du soleil, bien lisses sur toute leur longueur. — Feuilles des pousses d'été petites, obovales, se terminant brusquement en une pointe un peu longue et émoussée, bien repliées et non arquées, bordées de dents peu profondes, finement surdentées et bien obtuses, bien soutenues sur des pétioles courts, de moyenne force, à peine duveteux, peu colorés de rouge violacé, fermes et redressés, munis de deux glandes presque globuleuses, jaunes et attachées tout-à-fait vers la base du limbe. — Stipules très-courtes, très-fines, élargies à leur base en une petite oreillette, dentées. — Boutons à fruit très-petits, ovoïdes, courts et obtus, réunis très-serrés sur des dards peu forts et extrêmement courts; écailles d'un marron peu foncé. — Feuilles des productions fruitières bien petites, obovales, sensiblement atténuées à leur base, se terminant plus ou moins brusquement en une pointe plus ou moins longue et aiguë, creusées en gouttière, bordées de dents fines, peu profondes et un peu aiguës, bien soutenues sur des pétioles courts, grêles et raides. — Caractère saillant de l'arbre : teinte générale du feuillage d'un beau vert bien intense; la page inférieure des feuilles d'un vert un peu jaune ; toutes les feuilles remarquablement épaisses ; branchage et feuillage menus ; branches bien pendantes ; fruits souvent réunis cinq ou six sur le même portant.

Cerise de Martigné.

Pousses d'été courtes, fortes, bien droites, d'un vert jaune lavé de rouge clair et lisses sur toute leur étendue. — Feuilles des pousses d'été grandes, épaisses, ovales-elliptiques, se terminant très-brusquement en une pointe longue, bordées de dents doubles, plus ou moins profondes et peu aiguës, bien concaves, dressées sur des pétioles assez longs, très-forts, très-raides, bien dressés, une ou deux glandes petites, réniformes, d'un rouge vif sont le plus souvent attachées à la base du limbe et manquent quelquefois. — Stipules assez courtes, étroites, élargies à leur base en oreillette laciniée.— Feuilles des productions fruitières moyennes, les unes ovales, moins grandes que celles des pousses d'été, les autres obovales, toutes se terminant brusquement en une pointe assez courte et obtuse, concaves, bordées de dents souvent doubles, assez peu profondes et un peu aiguës, dressées sur des pétioles courts, forts et raides. — Caractère saillant de l'arbre : teinte générale du feuillage d'un vert sombre et foncé; feuillage et branchage compacts ; toutes les feuilles exactement concaves ; vigueur et rusticité.

Cerise de Spa.

Pousses d'été droites, d'un vert pâle, bien colorées d'un rouge vineux à leur sommet et légèrement lavées de même du côté du soleil. — Feuilles des pousses d'été moyennes, obovales-élargies, se terminant brusquement en une pointe plus ou moins longue, bien repliées et à peine arquées, bordées de dents assez fines, assez peu profondes, doubles ou triples et obtuses, bien soutenues sur des pétioles très-courts, un peu forts, redressés, d'un rouge vineux, à peine duveteux et munis de deux petites glandes ovalaires jaunes ou d'un rouge très-clair. — Stipules courtes, un peu recourbées, à peine élargies à leur base peu profondément laciniée. — Fleurs moyennes; pétales bien élargis, largement et peu profondément échancrés à leur sommet, peu concaves, se recouvrant les uns les autres; divisions du calice moyennes, un peu larges, bien obtuses, imperceptiblement dentées; pédicelles de moyenne longueur, très-grêles. — Feuilles des productions fruitières bien plus petites que celles des pousses d'été, obovales, très-sensiblement atténuées à leur base, se terminant peu brusquement en une pointe courte, bien creusées en gouttière, bordées de dents fines, doubles, un peu profondes et un peu aiguës, bien dressées sur des pétioles très-courts, grêles, d'un beau rouge violacé intense et bien redressés. — Caractère saillant de l'arbre : teinte générale du feuillage d'un vert intense et mat; couleur vive des pétioles et du sommet des pousses d'été; tous les pétioles très-courts.

CLEVELAND BIGARREAU.

Knorpelkirsche von Cleveland. Oberdieck.

Pousses d'été très-fortes, bien droites, d'un vert jaunâtre terne lavé de rouge brun terne plus vif à leur sommet où l'on trouve des poils gris et rares. — Feuilles des pousses d'été bien grandes, ovales bien allongées, s'atténuant lentement et régulièrement en une pointe longue, un peu concaves, un peu arquées par leur extrémité, bordées de dents très-larges, très-profondes, émoussées et qui sont elles-mêmes dentées finement et peu profondément, un peu pendantes sur des pétioles longs, bien forts, presque horizontaux, d'un rouge vineux et munis de deux très-grosses glandes réniformes d'un rouge groseille. — Stipules moyennes dont l'oreillette est divisée et dentée ou laciniée, courtes, fermes et aiguës. — Feuilles des productions fruitières moins grandes que celles des pousses d'été, obovales-élargies, se terminant brusquement en une pointe courte, peu concaves, bordées de dents seulement doubles, moins profondes, moins larges et obtuses, assez mal soutenues sur des pétioles longs, forts et cependant pliant un peu sous le poids de la feuille. — Caractère saillant de l'arbre : feuillage ample, d'un vert foncé; glandes remarquablement grosses et colorées.

CŒUR DE PIGEON NOIR.

Pousses d'été courtes et fortes, lavées de rouge vif sur presque tout leur contour, glabres et glutineuses à leur sommet. — Feuilles des pousses d'été grandes, obovales-allongées, se terminant un peu brusquement en une pointe longue et large, creusées en gouttière, bordées de dents peu larges, un peu profondes, surdentées et presque aiguës, mal soutenues sur des pétioles moyens, forts, souples, d'un rouge violacé intense, à peine duveteux et munis de deux glandes réniformes d'un rouge intense. — Stipules un peu longues, fines, élargies à leur base en une oreillette laciniée. — Fleurs presque moyennes; pétales arrondis-élargis, profondément échancrés, un peu concaves, se recouvrant entre eux; divisions du calice de moyenne longueur, bien atténuées ou presque aiguës, teintées de rouge; pédicelles courts, très-grêles ou fléchis. — Feuilles des productions fruitières moyennes, obovales-elliptiques ou presque elliptiques, se terminant brusquement en une pointe courte, bien creusées, bordées de dents fines, peu profondes, plus ou moins émoussées, assez mal soutenues sur des pétioles courts, grêles et souples. — Caractère saillant de l'arbre : teinte générale du feuillage d'un vert gai et luisant ; toutes les feuilles remarquablement creusées en gouttière ; pétioles et pousses d'été bien colorés ; feuilles des pousses d'été plutôt allongées et peu larges ; stipules extraordinairement fines et colorées de rouge. — Fruit moyen, cordiforme un peu allongé.

DONNA MARIA.

Downing.

Pousses d'été longues, assez fortes, d'un beau vert semé de lenticelles blanches. — Feuilles des pousses d'été grandes, ovales bien élargies, se terminant assez brusquement en une pointe courte et émoussée, bordées de très-fortes dents arrondies, concaves et soutenues horizontalement par des pétioles assez courts, bien forts, d'un rouge violacé, un peu ciliés, presque horizontaux, ordinairement dépourvus de glandes. — Stipules assez longues, assez larges, grossièrement dentées. — Feuilles des productions fruitières moins grandes que celles des pousses d'été, quelques-unes ovales, presque arrondies, bordées de fortes dents profondes et bien arrondies, presque planes, bien soutenues par des pétioles de moyenne longueur et de moyenne force, redressés. — Caractère saillant de l'arbre : feuillage ample, d'un beau vert, ayant l'aspect de la vigueur. — Fruit moyen, arrondi, d'un rouge foncé ; maturité, *milieu de Juillet.*

DUNKELROTHE KNORPELKIRSCHE.

Pousses d'été assez fortes, allongées, d'un vert très-clair et jaune, lavées de rouge clair et vif du côté du soleil, entièrement glabres et glutineuses à leur sommet. — Feuilles des pousses d'été bien grandes, obovales-élargies et allongées, se terminant brusquement en une pointe un peu longue, un peu concaves, bordées de dents assez larges, un peu profondes, surdentées et peu aiguës, mal soutenues sur des pétioles moyens, un peu forts et cependant bien souples, entièrement glabres, colorés de rouge vineux et munis de deux glandes réniformes d'un rouge groseille bien vif.— Stipules moyennes, peu élargies en une oreillette profondément laciniée. — Fleurs moyennes ou presque grandes ; pétales arrondis-élargis, largement et sensiblement échancrés à leur sommet, peu concaves, se recouvrant un peu entre eux ; divisions du calice moyennes, larges à leur base et cependant bien atténuées et aiguës ; pédicelles longs et assez grêles. — Feuilles des productions fruitières grandes, obovales-élargies et plus courtes que celles des pousses d'été, brusquement et sensiblement atténuées du côté du pétiole, peu concaves, bordées de dents fines, peu profondes et un peu aiguës, assez peu soutenues sur des pétioles bien longs, forts et un peu souples. — Caractère saillant de l'arbre : teinte générale du feuillage d'un vert tendre et mat ; ampleur de toutes les feuilles ; pousses d'été lavées d'un rouge vif et luisant.

Early Unique.

Simon-Louis.

Pousses d'été d'un vert très clair, à peine ou non lavées de rouge du côté du soleil, glabres et non glutineuses à leur sommet. — Feuilles des pousses d'été assez grandes, obovales, courtes et très-élargies, se terminant brusquement en une pointe courte, peu repliées ou un peu concaves, bordées de dents larges, profondes, inégales et obtuses, se recourbant sur des pétioles un peu courts, forts, redressés et assez fermes, colorés de rouge violacé, glabres, dépourvus de glandes qui sont attachées à la base du limbe et sont très-petites, globuleuses, d'un rouge clair et vif. — Stipules assez courtes, en alênes, très-peu profondément dentées. — Fleurs petites; pétales arrondis-élargis, concaves, largement échancrés, se recouvrant entre eux; divisions du calice moyennes, larges, bien obtuses, dentées; pédicelles assez courts et très-grêles. — Feuilles des productions fruitières assez petites ou petites, obovales-arrondies, brusquement et assez sensiblement atténuées vers le pétiole, se terminant très-brusquement en une pointe large, courte et émoussée, à peine concaves ou presque planes, bordées de dents assez fines, assez peu profondes et peu aiguës, assez bien soutenues sur des pétioles moyens, grêles et fermes. — Caractère saillant de l'arbre : teinte générale du feuillage d'un vert décidé ; toutes les feuilles brusquement et courtement acuminées et tendant à la forme arrondie ; tous les pétioles assez fermes.

Griotte de Kleparow.

Pousses d'été d'un vert gai très-légèrement nuancé de rougeâtre, mouchetées à la base de très-petites lenticelles blanchâtres saillantes. — Feuilles des pousses d'été grandes, ovales-élargies, à pointe assez longue et assez aiguë, assez repliées en dessus par leur nervure médiane, assez fortement dentées et surdentées, soutenues fermement par des pétioles assez courts, forts, horizontaux, d'un rouge sanguin et dépourvus de glandes. — Stipules de moyenne longueur, peu élargies à la base, fortement dentées. — Fleurs moyennes ou assez petites ; pétales elliptiques-arrondis, un peu échancrés, bien concaves, se recouvrant peu entre eux ; divisions du calice assez courtes, peu larges, bien atténuées, presque aiguës et colorées de rouge clair et vif; pédicelles courts et un peu forts. — Feuilles des productions fruitières beaucoup moins grandes que celles des pousses d'été, à pointe très-courte, sensiblement rétrécies à leur base, d'un vert plus intense, soutenues horizontalement par des pétioles de moyenne longueur et bien grêles.

Grosse Gombolloise.

Fruit gros ou parfois très-gros, cordiforme-épais et souvent un peu allongé, tronqué à ses deux pôles, un peu échancré du côté de la queue, à joues peu convexes, peu comprimé sur ses faces dont l'une est remarquable par une bosse saillante traversée par la ligne de suture, visible par sa couleur seulement avant la maturité, et dont l'autre est parcourue sur sa hauteur par une dépression étroite et peu profonde. — Peau un peu épaisse et ferme, d'abord d'un pourpre intense, puis passant à l'entière maturité, *fin de Juin*, au pourpre presque noir. Point pistillaire très-petit, blanchâtre, enfoncé dans un creux assez profond formé par la pointe tronquée du fruit. — Queue souvent bien longue, plus ou moins forte, attachée dans une cavité large et profonde dont les bords s'abaissent un peu sur le trajet de la ligne de suture à la dépression qui lui correspond. — Chair d'un pourpre intense, assez ferme, succulente, aboudante en jus bien colorant, bien sucré et vineux, mais sans parfum appréciable, constituant un fruit de bonne qualité, de transport très-facile. — Noyau un peu gros pour le volume du fruit, ovo-ellipsoïde, arrondi à son point d'attache à la queue, se terminant à son autre extrémité en une pointe très-courte, à joues très-peu bombées et un peu plissées du côté de l'arête dorsale ; suture ventrale fine, saillante ; arête dorsale peu saillante, un peu émoussée, largement et profondément sillonnée, accompagnée de rainures latérales peu appréciables. (*Fig.* 71 *bis.*)

Guigne Chamonale.

Pousses d'été bien droites, d'un vert très-pâle un peu jaune sans aucune teinte de rouge, semées de quelques poils épars, très-fins, sur presque toute leur longueur.— Feuilles des pousses d'été grandes, ovales un peu allongées, s'atténuant plus ou moins promptement en une pointe longue, repliées et non arquées, bordées de dents très-larges, très-profondes, peu surdentées et un peu aiguës, soutenues horizontalement sur des pétioles de moyenne longueur, très-forts, un peu duveteux, peu recourbés et munis de deux très-grosses glandes réniformes d'un blanc jaunâtre. — Stipules très-caduques. — Fleurs très-petites ; pétales obovales-elliptiques, distinctement échancrés, planes ou presque planes, ne se recouvrant pas entre eux ; divisions du calice un peu longues, peu larges, un peu atténuées, peu obtuses ; pédicelles très-courts et très-grêles. — Feuilles des productions fruitières moyennes, obovales bien élargies, se terminant très-brusquement en une pointe large et peu longue, planes ou presque planes, bordées de dents beaucoup moins larges, profondes et obtuses, soutenues horizontalement sur des pétioles de moyenne longueur, de moyenne force, un peu redressés. — Caractère saillant de l'arbre : teinte générale du feuillage d'un beau vert herbacé et mat ; toutes les feuilles bien épaisses, fermes, bien soutenues pour un cerisier de cette classe, et si profondément dentées qu'elles ressemblent à des feuilles de châtaignier ; rameaux forts, bien droits, non colorés ; aspect général de grande vigueur.

Guigne de Fer.

Pousses d'été fortes et allongées, d'un vert pâle et luisant, bien colorées de rouge sanguin vif du côté du soleil, à peine glutineuses à leur extrême sommet. — Feuilles des pousses d'été bien grandes, obovales-allongées, se terminant assez brusquement en une pointe longue et fine, concaves ou repliées et souvent largement ondulées, bordées de dents larges, profondes, surdentées et un peu aiguës, mal soutenues sur des pétioles longs, forts, souples, d'un rouge vineux intense, presque glabres et munis de deux grosses glandes réniformes d'un rouge intense et vif. — Stipules moyennes, fines, dentées, élargies en une oreillette courte et très-profondément laciniée. — Feuilles des productions fruitières au moins aussi grandes et souvent plus grandes que celles des pousses d'été, obovales-elliptiques, se terminant brusquement en une pointe peu longue et fine, concaves, bordées de dents assez fines, peu profondes et un peu aiguës, mal soutenues sur des pétioles bien longs, forts et souples. — Caractère saillant de l'arbre : teinte générale du feuillage d'un vert décidé et brillant ; ampleur remarquable de toutes les feuilles ; tous les pétioles longs ou très-longs, forts et cependant bien souples ; aspect général d'une grande vigueur.

GUIGNE DE PROVENCE.

Pousses d'été d'un vert jaune et terne, à peine lavées de rouge brun du côté du soleil, à peine duveteuses et glutineuses à leur sommet. — Feuilles des pousses d'été bien grandes, obovales-elliptiques ou obovales-élargies, se terminant brusquement en une pointe large et courte, concaves ou creusées en gouttière, bordées de dents larges, profondes, obtuses ou émoussées, s'abaissant sur des pétioles un peu longs, un peu forts, souples, d'un rouge vineux, duveteux et munis de deux glandes réniformes d'un rouge groseille intense. — Stipules longues, fortes, élargies en une oreillette dentée plutôt que laciniée. — Fleurs moyennes ; pétales bien élargis, sensiblement échancrés, peu concaves ; divisions du calice assez larges, bien atténuées et aiguës à leur sommet ; pédicelles de moyenne longueur, grêles et un peu colorés. — Feuilles des productions fruitières moyennes, obovales plus ou moins élargies, se terminant brusquement en une pointe assez courte, un peu concaves, bordées de dents fines, peu profondes, peu émoussées ou presque aiguës, assez peu soutenues sur des pétioles de moyenne longueur, de moyenne force et un peu souples. — Caractère saillant de l'arbre : pousses d'été élancées et à entre-nœuds très-longs ; serrature des feuilles des pousses d'été composée de dents remarquablement larges et profondes.

GUIGNE ROUGE COMMUNE.

Pousses d'été de moyenne force, d'un vert très-pâle teinté de rouge brun, entièrement lisses. — Feuilles des pousses d'été moyennes, ovales-allongées, s'atténuant lentement pour se terminer peu brusquement en une pointe longue, bien creusées en gouttière et ondulées, bordées de dents larges, extraordinairement profondes, doubles et acérées, mal soutenues sur des pétioles bien longs, peu forts, mols et très-flexibles, munis de petites glandes réniformes d'un rouge vif et intense. — Stipules moyennes, laciniées sur une partie de leur longueur plutôt qu'élargies en oreillette. — Fleurs grandes ou assez grandes ; pétales arrondis, peu ou nullement échancrés à leur sommet ; divisions du calice longues, larges et obtuses ; pédicelles longs et de moyenne force. — Feuilles des productions fruitières à peine moyennes, ovales-elliptiques ou obovales-elliptiques un peu élargies, se terminant brusquement en une pointe courte et assez étroite, concaves et bien ondulées régulièrement, bordées de dents étroites, bien profondes et émoussées, mal soutenues sur des pétioles courts, grêles et très-flexibles. — Caractère saillant de l'arbre : teinte générale du feuillage d'un vert tendre ; toutes les feuilles pendantes et sensiblement ondulées ; tous les pétioles très-flexibles.

Guigne tardive de Downer.

Downer's Late. Downing.

Pousses d'été fortes, lavées de rouge vineux sur presque toute leur étendue, glutineuses et un peu duveteuses à leur sommet. — Feuilles des pousses d'été grandes, obovales plus ou moins allongées, sensiblement atténuées du côté du pétiole, un peu concaves, bordées de dents très-larges, profondes, ordinairement plusieurs fois surdentées, un peu aiguës ou émoussées, mal soutenues sur des pétioles moyens, bien forts et cependant souples, d'un rouge violacé intense, duveteux et munis de deux grosses glandes réniformes d'un rouge groseille. — Stipules courtes, un peu élargies en une oreillette laciniée. — Fleurs petites; pétales arrondis-élargis, finement et peu profondément échancrés, peu concaves, se recouvrant un peu entre eux; divisions du calice assez courtes, étroites, atténuées et aiguës; pédicelles courts et grêles. — Feuilles des productions fruitières presque aussi grandes que celles des pousses d'été, obovales, plus sensiblement atténuées du côté du pétiole, se terminant un peu brusquement en une pointe peu longue et large, un peu concaves, bordées de dents un peu profondes, obtuses ou émoussées, peu soutenues sur des pétioles assez longs, forts et souples. — Caractère saillant de l'arbre : teinte générale du feuillage d'un vert vif et brillant; pousses d'été bien colorées; serrature des feuilles des pousses d'été remarquablement surdentée.

Herzkirsche Trauben.

Pousses d'été peu fortes, colorées d'un rouge vineux intense du côté du soleil, un peu glutineuses et à peine duveteuses à leur sommet. — Feuilles des pousses d'été assez grandes, obovales-allongées, se terminant peu brusquement en une pointe longue, un peu repliées, largement ondulées, bordées de dents inégales entre elles, extraordinairement profondes, le plus souvent simples et aiguës, mal soutenues sur des pétioles longs, peu forts, duveteux, d'un rouge violacé intense et munis de deux grosses glandes réniformes d'un rouge groseille intense et vif. — Stipules moyennes, ciliées et élargies en une oreillette profondément laciniée. — Fleurs petites ; pétales elliptiques-arrondis et bien élargis, largement et sensiblement échancrés, à peine concaves; divisions du calice moyennes, peu atténuées et obtuses, bien colorées de rouge vineux ; pédicelles un peu longs et de moyenne force. — Feuilles des productions fruitières moins grandes que celles des pousses d'été, souvent plus élargies, se terminant très-brusquement en une pointe un peu longue, un peu concaves, bien ondulées dans leur contour, bordées de dents très-profondes et très-finement aiguës, mal soutenues sur des pétioles moyens, grêles et souples. — Caractère saillant de l'arbre : teinte générale du feuillage d'un vert intense et mat ; toutes les feuilles remarquablement ondulées dans leur contour et garnies d'une serrature très-extraordinairement profonde et acérée.

Jerusalem's Kirsche von der Natte.

Pousses d'été grêles, d'un vert clair et vif, entièrement glabres et non glutineuses à leur sommet — Feuilles des pousses d'été assez petites, obovales bien élargies, sensiblement atténuées du côté du pétiole, se terminant un peu brusquement en une pointe courte, large et recourbée en dessous, à peine repliées, souvent très-largement ondulées dans leur contour ou contournées sur leur longueur, bordées de dents peu profondes, une ou plusieurs fois surdentées et obtuses, bien soutenues sur des pétioles courts, peu forts, redressés, peu colorés de rouge violacé et dépourvus de glandes; les glandes manquant souvent sont petites, d'un rouge très-clair et attachées à la base du limbe. — Stipules très-courtes et finement aiguës. — Fleurs presque moyennes; pétales elliptiques-arrondis, échancrés à leur sommet, froncés sur leur onglet, concaves; divisions du calice courtes, étroites, un peu atténuées, un peu obtuses; pédicelles assez courts et bien grêles. — Feuilles des productions fruitières petites, obovales, bien atténuées du côté du pétiole, se terminant un peu brusquement en une pointe courte et souvent contournée, presque planes, bordées de dents bien fines, surdentées, peu obtuses ou presque aiguës, bien soutenues sur des pétioles courts, grêles et peu flexibles. — Caractère saillant de l'arbre : teinte générale du feuillage d'un vert sombre et mat; toutes les feuilles courtes et élargies; tous les pétioles courts, grêles et un peu fermes.

Knight's Late Black.

Pousses d'été presque entièrement lavées ou colorées d'un rouge bronzé, glutineuses à leur sommet. — Feuilles des pousses d'été grandes, obovales-allongées, se terminant brusquement en une pointe longue et étroite, un peu repliées et souvent ondulées, bordées de dents bien larges, profondes, obtuses ou peu aiguës, mal soutenues sur des pétioles moyens, de moyenne force, souples, d'un rouge vineux intense, duveteux et munis de deux grosses glandes réniformes d'un jaune orangé. — Stipules longues, peu élargies en une oreillette, profondément laciniées. — Fleurs grandes; pétales très-élargis, largement et profondément échancrés, presque planes ou un peu concaves; divisions du calice moyennes, larges, obtuses; pédicelles longs et un peu forts. — Feuilles des productions fruitières moins allongées, plus larges que celles des pousses d'été, obovales ou obovales-elliptiques, se terminant brusquement en une pointe courte et fine, bien concaves, souvent un peu ondulées, bordées de dents peu larges, assez peu profondes, émoussées ou un peu aiguës, mal soutenues sur des pétioles moyens, de moyenne force, souples, d'un rouge violacé presque noir. — Caractère saillant de l'arbre : teinte générale du feuillage d'un vert intense; pétioles et pousses d'été bien colorés.

Magnifique de Daval.

Pousses d'été de moyenne force, d'un vert jaune et terne, bien lavées de rouge vineux du côté du soleil, glabres et un peu glutineuses à leur sommet. — Feuilles des pousses d'été assez grandes, obovales-allongées et sensiblement atténuées vers le pétiole, se terminant brusquement en une pointe assez longue, concaves, bordées de dents un peu profondes, le plus souvent simples et émoussées, mal soutenues sur des pétioles longs, de moyenne force, très-flexibles, colorés de rouge vineux très-foncé, à peine duveteux et munis de deux glandes réniformes d'un rouge des plus intenses. — Stipules moyennes, extraordinairement fines, à peine élargies à leur base en une oreillette très-finement laciniée. — Fleurs moyennes; pétales obovales-allongés et un peu étroits, peu profondément et cependant distinctement échancrés à leur sommet, plutôt convexes que concaves, écartés entre eux; divisions du calice moyennes, peu atténuées, un peu obtuses, un peu colorées de rouge vineux; pédicelles longs et grêles. — Feuilles des productions fruitières moyennes ou assez petites, bien régulièrement obovales, peu concaves, se terminant très-brusquement en une pointe courte et fine, bordées de dents bien régulières, surdentées, peu profondes et presque aiguës, assez peu soutenues sur des pétioles courts, grêles et flexibles. — Caractère saillant de l'arbre : teinte générale du feuillage d'un vert tendre et mat; les plus jeunes feuilles bien colorées de rouge; serrature des feuilles des pousses d'été remarquablement régulière et fine.

Montmorency a longue queue.

Pousses d'été assez fortes, d'un vert clair un peu teinté de rougeâtre et semé de très-petites lenticelles. — Feuilles des pousses d'été moyennes, ovales, un peu rétrécies à la base, s'élargissant ensuite vers leur sommet qui se termine en une pointe longue, fortement crénelées plutôt que dentées, creusées en gouttière, soutenues horizontalement ou un peu redressées à l'extrémité de pétioles courts, forts, raides, d'un rouge violacé terne, peu ciliés et munis de glandes réniformes d'un vert pâle. — Stipules assez longues, lancéolées, fortement dentées ou presque lobées. — Fleurs moyennes; pétales bien élargis, ondulés dans leur contour traversé par un pli saillant, maculés de rose à la défloraison; divisions du calice élargies, courtes, obtuses, à dents aiguës, presque entièrement vertes; pédicelles assez courts et forts. — Feuilles des productions fruitières bien plus petites que celles des pousses d'été, mais de la même forme et de la même tenue, se terminant brusquement en une pointe courte, bordées de dents profondes et bien obtuses, bien soutenues par des pétioles de moyenne longueur, grêles et cependant raides. — Caractère saillant de l'arbre : feuilles raides et épaisses.

Noire précoce de Strass.

Pousses d'été d'un vert terne, grêles, flexibles, bien colorées d'un rouge vineux foncé du côté du soleil, glabres et glutineuses à leur sommet. — Feuilles des pousses d'été moyennes, obovales un peu allongées, se terminant un peu brusquement en une pointe longue, à peine concaves ou presque planes, bordées de dents larges, très-profondes, un peu émoussées ou peu aiguës, mollement soutenues sur des pétioles moyens, assez grêles, très-souples, d'un rouge vineux intense, un peu duveteux et munis de deux glandes réniformes d'un rouge groseille très-vif. — Stipules assez longues, fines et profondément laciniées à leur base. — Fleurs petites; pétales carrés-elliptiques, largement et sensiblement échancrés, peu concaves, se recouvrant peu entre eux; divisions du calice longues, étroites, atténuées et aiguës; pédicelles assez courts et très-grêles. — Feuilles des productions fruitières presque moyennes ou assez petites, obovales, sensiblement atténuées vers le pétiole, se terminant brusquement en une pointe un peu longue et fine, à peine concaves, bordées de dents fines, un peu profondes et aiguës, mal soutenues sur des pétioles courts, très-grêles et très-souples.— Caractère saillant de l'arbre : teinte générale du feuillage d'un vert intense et peu brillant; toutes les feuilles mollement soutenues sur des pétioles plus ou moins grêles et très-souples; pousses d'été bien colorées de rouge.

TARDIVE DE BREDERODE. (OTTOLANDER.)

Pousses d'été d'un vert jaune, bien lavées de rouge du côté du soleil, non duveteuses ni glutineuses à leur sommet. — Feuilles des pousses d'été moyennes, obovales-elliptiques, se terminant un peu brusquement en une pointe un peu longue, concaves, bordées de dents fines, un peu profondes, surdentées et émoussées, mal soutenues sur des pétioles longs, grêles, colorés de rouge vineux, entièrement glabres et munis de deux grosses glandes ovalaires d'un rouge orangé. — Stipules moyennes, bien fines, non élargies en oreillette. — Fleurs assez petites ; pétales obovales-élargis, peu profondément échancrés, peu concaves ; divisions du calice courtes, larges, bien obtuses; pédicelles longs et de moyenne force. — Feuilles des productions fruitières moins grandes que celles des pousses d'été, et d'ampleur très-inégale entre elles, obovales-élargies, se terminant brusquement en une pointe courte, concaves, bordées de dents fines, peu profondes, parfois surdentées et aiguës, mal soutenues sur des pétioles un peu longs, très-grêles, colorés de rouge vineux et glabres. — Caractère saillant de l'arbre : teinte générale du feuillage d'un vert vif et gai ; feuilles pendantes ainsi que les rameaux; tous les pétioles grêles.

TOCTONNE PRÉCOCE.

Catalogue Bonamy.

Pousses d'été peu fortes, sensiblement flexueuses, d'un vert clair et pâle à l'ombre, bien lavées de rouge sanguin du côté du soleil, bien souples. — Feuilles des pousses d'été grandes, les supérieures ovales, les inférieures un peu obovales, toutes élargies à leur partie inférieure, puis s'atténuant bien et lentement pour se terminer en une très-longue pointe, un peu concaves, bordées de dents larges, peu profondément surdentées, émoussées ou peu aiguës, retombant sur des pétioles longs, bien forts, bien flexibles, d'un rouge vineux intense, un peu duveteux et munis de deux grosses glandes réniformes d'un rouge cerise foncé. — Stipules un peu longues, élargies à leur base en une oreillette, très-profondément laciniées. — Fleurs assez grandes ; pétales largement arrondis, à peine échancrés, se recouvrant bien entre eux, un peu concaves; divisions du calice assez longues, un peu larges, un peu obtuses; pédicelles assez longs et forts. — Feuilles des productions fruitières bien moins grandes que celles des pousses d'été, un peu obovales, se terminant brusquement en une pointe peu longue, concaves et souvent largement ondulées, bordées de dents fines, doubles et obtuses, mollement soutenues sur des pétioles un peu longs, presque grêles et bien flexibles. — Caractère saillant de l'arbre : teinte générale du feuillage d'un beau vert vif, gai et luisant; pousses d'été vivement colorées de rouge; pétioles de leurs feuilles bien mous quoique très-forts.

Wildling von Kronberg.

Pousses d'été un peu fortes et peu allongées, d'un vert clair et vif, à peine glutineuses à leur extrême sommet. — Feuilles des pousses d'été à peine moyennes, obovales, un peu allongées et peu larges, se terminant assez brusquement en une pointe longue, peu concaves, bordées de dents bien fines, peu profondes, le plus souvent aiguës ou parfois un peu émoussées, assez peu soutenues sur des pétioles assez courts, grêles, un peu flexibles, lavés de rouge vineux, un peu duveteux et munis de deux petites glandes globuleuses ou presque globuleuses, d'un rouge intense et vif. — Stipules moyennes, bien fines, très-caduques. — Fleurs très-petites; pétales elliptiques-arrondis, sensiblement échancrés, peu concaves; divisions du calice moyennes, bien atténuées, aiguës; pédicelles très-courts et très-grêles. — Feuilles des productions fruitières petites ou bien petites, obovales ou obovales-elliptiques, se terminant brusquement en une pointe longue, régulièrement concaves, bordées de dents extraordinairement fines, peu profondes et aiguës, assez peu soutenues sur des pétioles très-courts, très-grêles et un peu flexibles. — Caractère saillant de l'arbre : teinte générale du feuillage d'un vert vif et luisant; toutes les feuilles plutôt petites, longuement acuminées, régulièrement concaves et bordées d'une serrature extraordinairement fine et peu profonde; tous les pétioles courts ou un peu courts et grêles.

CERISIERS

DONT LA DESCRIPTION N'A PAS ÉTÉ FAITE *

Abbesse d'Oignies.
* A cœur hâtive.
* Amarelle à point pistillaire blanc.
* Amarelle double de verre.
* Amarelle Juinat.
* Amarelle Sood.
Ambert Heart Cherry.
* American Heart Cherry.
Arch Duke.
Augustine de Vigny.
Aurischotte.

Baumann's May, Guigne précoce de Mai.
Baylor.
* Bedford prolific.
* Belle Brugeoise Saint-Pierre.
Belle de Boskoop.
Belle de Chaux.
Belle Defay.
Belle de Loche.
* Belle de Ribeaucourt.
Belle de Septembre.
Belle de Soissons.
Belle de Varennes.
* Belle grosse d'Ardèche.
Bernardin.
Bettenburger Herzkirsche.
* Bicolor.
Bigarreau à gros fruits rouges.
Bigarreau blanc.
Bigarreau blanc à gros fruits.
* Bigarreau commun.
Bigarreau court picout hâtif.
Bigarreau court picout tardif.
Bigarreau de Cayenne.
Bigarreau de Gouben? Bigarreau rouge de Gouben.
Bigarreau de Grolle.
Bigarreau de Loire.
* Bigarreau de Londres.
Bigarreau de Nice, Guigne de Nice.
Bigarreau de Vaux.
Bigarreau d'Espagne blanc.
* Bigarreau d'Italie.
* Bigarreau doré.
Bigarreau du Bourget.
Bigarreau Galopin?
Bigarreau Géant noir.
* *Bigarreau Gloire de France*, Bonnemain.
Bigarreau Graffion.
Bigarreau jaune de Dœnissen.
Bigarreau marbré.
Bigarreau Marcelin? Bigarreau d'Esperen.
Bigarreau noir?
Bigarreau noir de Germersdorf.
Bigarreau noir de Spitz.
Bigarreau noir de Tartarie, Guigne noire de Tartarie.
* Bigarreau noir tardif.
Bigarreau printanier d'Oullins.
Bigarreau Radowesnitzer.
Bigarreau rouge de Gouben.
* Bigarreau rouge de Tilgener.
* Bigarreau royal.
* Bigarreau tardif de Lieke.

* Les astérisques désignent les Variétés dont les *Fleurs* sont décrites.
Les noms en caractères italiques indiquent les synonymes supposés.

* *Bigarreau Toupie?* Cerise Toupie.
Bigarreau violet, Dunkelrothe Knorpelkirsche.
Bigarreau White, White Bigarreau.
Black Heart.
* Blutherzkirsche.
Bonnemain.
Bordan.
* Braunrothe Weichsel.
Brune de Bruxelles.
Buttner.
Buttner's Black Heart.
Byrnville.

Carnation Coe's Late.
Caroline.
Cerise à côtes.
* Cerise Bellon.
* *Cerise blanche* ou *Princesse?* Cerise Princesse.
* Cerise commune.
Cerise de l'Esvière.
* Cerise de Prusse.
Cerise de Prusse noire.
Cerise de Succession, May Duke.
* Cerise de Tiercé.
Cerise Holman's Duke.
Cerise Impériale double marmotte, Griotte Impériale.
* Cerise rouge sanguine.
Cerise vraie d'Angleterre.
Cerisier à feuilles de Saule.
* Cerisier à feuilles laciniées.
Cerisier cucullé.
Cocklin's Favorite.
Cœur-de-bœuf nouveau.
Columbia.
Como.
Comtesse de Médicis Spada.
Cornelia.
* Corone.
Couronne Cherries?
Court-pendu de Gaiberg.
Crawford's Late.

Dankelmanns Kirsche.
Davenport.
De Fischbach, Reine Hortense.
De la Bénardière.
Délicieuse.
De Mai rouge, Rouge de Mai.
De Ravaene.
Des Cheneaux?
De Stavelot, Reine Hortense.
Ditst.
* Dollauer schwarze.
* Douce de Bardowick.
Dove Bank.
Du Comte Egger.
Dumas.
* Dure de Sauvigny.
Dure jaune de Buttner, Bigarreau jaune de Buttner.
Dure jaune de Dœnissen, Bigarreau jaune de Dœnissen.
Dure noire de Saint-Walpurgis.
Dure noire de Zeisbourg, Cerise de Zeisberg.
Dure noire grosse?

Early black Bigarreau.
Early Lyons? Bigarreau Jaboulay.
Early Red Bigarreau.
* Early Red Guigne.
Edouard Seneclause.
Elisabeth.
* Eugène Furst.

* Frogmore Early Bigarreau.
Frogmore Morello.
* Frühe schwarze Knorpelkirsche.

Gottorper Kirsche?
* Gridley.
* Griotte à courte queue?
Griotte à gros fruits noirs de Piémont.
Griotte à gros fruits rouges de Piémont.
Griotte Cœuret? Griotte cordiforme.
* Griotte de Chaux.
* Griotte de Hollande.
Griotte de Léopold.
Griotte de Paris.
Griotte de Portugal.
Griotte du Comte Henneberg, Henneberger Grafenkirsche.
* Griotte précoce d'Espagne.
* Griotte tardive d'Annecy.
Grosse Cerise transparente.

* *Grosse de Wagnelée*, Reine Hortense.
Grosse Glaskirsche.
Grosse Guigne luisante, Guigne noire luisante.
Grosse Morelle.
Grosse Morelle double?
* Grosse schwarze Knorpelkirsche.
* Grosse Weinkirsche.
* Gubener schwarze Knorpelkirsche
Guigne anglaise blanche précoce?
* *Guigne blanche*? Guigne jaune.
Guigne de Buxeuil.
Guigne de Chamblandes.
* Guigne de Chavannes.
Guigne de Lamaurie.
* Guigne de la Rochelle.
Guigne de Nice.
Guigne de Spitz.
Guigne Guindole.
Guigne hâtive de Bâle.
Guigne hâtive de Pontarnau? Guigne pourpre hâtive.
Guigne noire luisante.
Guigne rose hâtive.
Guigne tardive de Meaux.
Guindoux de Provence.
Guindoux noir de Faix.

Hamell Kirschen.
Hamels Arissen.
Hâtive de Kruger? Guigne de Kruger.
Headley.
Hedwigskirsche.
Henneberger Grafenkirsche.
Herzkirsche Flamentiner, Flamentiner.
Herzkirsche Fromm's.
Herzkirsche, Grosse süsse Mai-?
Herzkirsche, Neue Ochsen-.
Herzkirsche, Paretzer.
Herzkirsche, South's breite, South's breite Herzkirsche.
Herzkirsche, *Tilgeners*, Tilgeners rothe Herzkirsche.
Hogg's black Géant.
Howey's Seedling.

Impératrice Dowton.
* Incomparable en beauté.

Kirsche von der Natte.
Kirtland's Seedling.
Kleparower Süssweichsel.
Knorpelkirsche, *Tabors*, Tabors schwarze Knorpelkirsche.
Kostelniti.
* Kratos Knorpelkirsche.
Kronberger Herzkirsche, Wildling von Kronberg.

Lady of the Leke.
* Laker *ou* Loker bunte Knorpelkirsche.
* Late purple Guigne.
* Louis-Philippe.
Love Apple Cherry.
Lucie? Guigne blanche de Winkler.
Ludwig's Bigarreau.
Lothaunner Erfurter.

* Madame Grégoire.
* Madeleine.
Mannings Early White.
* Marie de Châteauneuf.
Maulbeerkirsche, *Spæte*, Spæte Maulbeerkirsche.
Meininger spæte Knorpelkirsche.
Meissener Weisse.
* Merveille de Septembre.
* *Molkenkirsche rothe*, Rothe Molkenkirsche.
Monkirsche rothe?
Monstrous Duke.
Montmorency Bretonneau.
* Montmorency ordinaire?
* Morten's Seedling.
Münsterkirsche.

Nancy.
Napolitaine.
* Natte double.
* Natte hâtive de semis.
* Neue Englische Weichsel.
Noire tardive.

Orléan's Smith.

* Pauline de Vigny.
* Petite Morelle.

* Plumstone Morello.
Pomeranzenkirsche.
* Pragische Muskateller.
Président.
* Priesche? schwarze Knorpelkirsche.
Priche schwarze Knorpelkirsche?

Red cheak Downing.
Rothe Molkenkirsche.
Royale de Charles Koch.
Royale tardive.

Saint-Laurent.
Saint-Margaret's.
* Schmidts schwarzbraune Knorpelkirsche.
* Schneiders frühe Herzkirsche.
* Schwarze Mai-Weichsel.
* Schwarze Taubenherz.
Silva de Palluau.
* Sleinhaus?
* South's breite Herzkirsche.
* *Sparlians Honey?* Mielleuse de Sparhawk.
Spæte Maulbeerkirsche.
* *Spitzens Herzkirsche*; Guigne de Spitz.

Süsse Maiherzkirsche.
Süsskirsche mit gefürster Blüthe?

* Tabors schwarze Knorpelkirsche.
* Tardive d'Avignon.
Tardive de Peine.
* Tardive du Maine.
* Tardive noire d'Espagne.
Tilgeners rothe.
Tilgeners rothe Herzkirsche.
Tilgeners rothe Knorpelkirsche, Bigarreau rouge de Tilgener.
Townsend.
Transparent.
Triomphe de Fausin.
Türkirsche Grosse.

Volgers Kers, Cerise de Folger.

* Washington purple.
Waterloo.
Weichsel, Braunrothe.
Weichsel, Neue Englische.
Weichsel, Wellington's.
* Wenzlecks bunte Knorpelkirsche.
White Bigarreau.

Zwitterkirsche.

FRAMBOISIERS, GROSEILLIERS
VIGNES

FRAMBOISIERS *

A fruits roses.

Belle de Fontenay.
s Belle d'Orléans.
Brinckle's Orange.

s Catawissa.

D'Angleterre?
D'Anvers jaune.
D'Anvers rouge.
s *De Barnet*, Hornet.
De Falstoff.
De Hollande.
De Hollande petit conique.
De Rothenbourg.
Des quatre-saisons à fruits jaunes.
Des quatre saisons à fruits rouges.
Double Bearing.

Du Brabant.
Du Chili à fruits rouges.

Gambon.

Hornet.

s *Jaune d'Anvers*, d'Anvers jaune.
Jaune pointue.

Large fruited Monthley.

Nain et perpétuel de Fontenay-aux-Roses.

Reine Victoria.

Surpasse Falstoff.

Turban.

GROSEILLIERS

A fruits rouges et feuilles panachées.
Attractor.

Belle de Saint-Gilles.
Blanche d'Angleterre.
Blanche de Bagnolet.

Cerise.
Cerise à fruits blancs.
Champenoise.
Chenonceaux.
Commun à feuilles laciniées.
Commun à fruits blancs.
Commun à fruits blancs et feuilles bordées.
Commun couleur de chair.

De Hollande à longue grappe.
De Pensylvanie.
Du Canada.
De Verrières blanc.
De Verrières rouge.
Du Caucase.

* Nous ne donnons que la liste des Framboisiers, Groseilliers et Cassissiers; M. Alph. Mas n'avait pu commencer les descriptions.

Emperor blanc.
Eyatt's Nova.

Fertile d'Angers.
Fertile de Bertin.
Fertile de Palluau.
Fertilis.
Fox's new red.

Gloire des Sablons.
Gondouin blanc.
Gondouin rouge.
Grosse blanche de Boulogne.
Grosse blanche transparente.
Grosse rouge de Boulogne.

Hâtive de Bertin.
Hollandaise blanche.
Hollandaise rouge.

Impériale blanche.
Impériale rouge.
Impreved large White.

Knight's large red.
Knight's large White.
Knight's Sweet red.

Nouvelle d'Angleterre.

Ordinaire à fruits jaunes.
Ordinaire à fruits striés.

Perle blanche de Dielighem.
Précoce de Tours.
Prince Albert.
Prolifère.

Queen Victoria.

Red Currant
Rouge commun.
Rouge très-grosse.
Ruby Castle.

Sans pepins.
Souchetti blanc.

Versaillaise.

White Currant.
Willmott's large red.

CASSISSIERS.

Bank hup.

A feuilles d'érables.
A feuilles panachées.
A fruits bruns.
A fruits noirs.
A gros fruits noirs, Royal de Naples.

Gros noir de Naples, Royal de Naples.

Royal de Naples.

VIGNES*

* Alabar.
* Alcantino de Florence.
* Amadon blanc.
* Angers noir hâtif.
* Angers rouge hâtif.

* Balafant.
Barba rosa.
* Barbaroux.
Blanc d'Ambre.
Blanc de Zante à longue grappe.
Blanc précoce de Kirhtzeim.
* Blussard blanc.
Bourboulenque frappade.
* Brachet gris.
* Buckland Sweetwater.

* Calliaba.
* Canon Hall.
Casernot.
* Caxin noir.
* Chasselas à longue grappe.
* — Angevin.
— blanc musqué.
* — blanc musqué de Nantes.
* — blanc Royal.
— bleu de Windsor.
* — Bulherry.
s — *coulard*, Chasselas de Bar-sur-Aube.
— croquant.
s * — *croquant de Montauban*, Chasselas de Montauban
— de Bar-sur-Aube.
— de Civita-Vecchia.
* — de Florence.
— de Fontainebleau.
* — de Jérusalem.
— de Montauban.
* — de Négrepont.
* — de Pondichéry.
— de Portugal.
* Chasselas de Sillerie.
s — *de Thomery*, Chasselas de Fontainebleau.
* — des Bouches-du-Rhône.
— doré.
* — Duhamel.
— gris.
— grosse perle hâtive.
— hâtif de Ténériffe.
— Jalabert.
— Mornant.
— musqué.
— Napoléon.
* — noir de Pradelle.
— rose de Falloux.
* — rose hâtif.
— rose Royal.
— rouge.
* — rouge foncé.
— rouge hâtif.
— rouge Royal.
* — Vibert.
— violet.
Cinq saou.
Claverie.
Corinthe blanc.
s *Corinthe blanc sans pepins.*
Corinthe rouge.
* Corinthe violet.
Cornichon blanc.
* Cornichon rose.
* Coulombeau.
* Coulombeau blanc.

Damas le gros.
* Damas noir.
* D'Ayme.
* De Cahors.
* De Juillet blanc.
* D'Ischia noir hâtif.
* D'Ispahan.
* Dolutz noir hâtif.

* La description de la plupart de ces *Vignes* a été donnée dans le *Vignoble*.
Les astérisques désignent les Variétés dont le Bourgeonnement seul est décrit.

* Espagnon blanc.

* Fintindo.
Frankenthal.
Froc Laboulaye.
* Frontignan blanc.
* Frontignan rouge.
* Frontignan violet.

* Gamet de Bordeaux.
Gamet de Liverdun.
* Golden Hamburg.
* Grand blanc.
* Grec rose.
* Gros bleu.
Gros Bouteillan rouge.
* Gros Marocain.
* Gros Muscat noir précoce.
* Grune Muskateller d'Autriche.

* Hambourg doré.
Hâtif de Gênes.
* Huevo de Gato.

* Impérial.
Ischia.

Joannen charnu.
Julliatique blanc.

Keïsheim.
* Ketsketsetsu.
* Kisch Mich blanc.
* Kish Mish.

* Lacryma dolce.
Lady Downe's.
* Largo blanc.
Léonie Szollo.
* Le Requien.
Lignan blanc du Jura.
* Limdi Khanat.
* Long noir d'Espagne.
Maccabeo.
* Madeleine.
Madeleine blanche.
* Madeleine blanche de Bordeaux.
* Madeleine blanche de la Dorée.
* Madeleine blanche Vibert.
Madeleine de Jacques.
Madeleine Royale.
* Madeleine Vibert.
Madeleine violette.
Madère Vendel.
* Majorque blanc.
* Malaga rose.
Malvoisie à gros grains.
Malvoisie blanche.
* Malvoisie de la Cartuixa.
Malvoisie de la Drôme.
Malvoisie de Sitjes.
Malvoisie de Tarragone.
Malvoisie rouge d'Italie.
* Malvoisie rousse de Tarn-et-Garonne.
* Malvoisie verte.
* Malvoisie vraie.
* Marcelli blanc.
* Mardjeng rose.
Maurbeo.
* Melinet.
* Mi-Ciotat.
* Minestra.
* Montmélian.
Morillon hâtif.
Morillon noir hâtif.
* Muscat blanc de Smyrne.
* Muscat blanc hâtif de Gênes.
s * *Muscat blanc hâtif de Saumur*, Précoce musqué de Courtiller.
* Muscat Bowood.
— Caillaba.
* — Caminada.
* — Citronnelle.
* — Claverie.
— d'Alexandrie.
— de Frontignan.
* — de Hongrie.
* — de la mi-août.
* — de Lunel.
* — de Sarbelle.
* — dure baie.
* — Eugénien.
* — Fleur d'oranger.
* — gris.
— Hambourg.
— Jésus blanc.
* — Laserelle.
— Lierval.
— noir.

Muscat noir d'Eisentad.
— noir d'Espagne.
— noir du Jura.
* — précoce d'août.
s* — *PrécocedeSaumur*, Précoce musqué de Courtiller.
— précoce du Puy-de-Dôme.
— Primavis.
* — Romain.
* — rose.
* — rose de la Dorée.
* — rouge.
— rouge de Madère.
— Saint-Laurent.
* — Salicet.
* — Voronzoff.
* Muscatelle.
* Muscatelle noire.
Muscatellier noir.

* Némorin.

Oldaker's Saint-Peter's.
* Olivette blanche.
Olivette noire.
Olivier noir.

* Panaché.
Panse blanche précoce.
Panse jaune.
Panse musquée.
* Panse ordinaire.
Pelossard du Bugey.
* Perle Impériale.
* Perle violette.
Pinot blanc.
* Pinot rose.
* Plant de la Barre blanc.
* Plant de la Barre rouge.
Précoce de Hongrie.
Précoce de Malingre.
Précoce musqué de Courtiller.

Raisin de Calabre.
Raisin des Dames.
* Raisin de Civita-Vecchia.
* Raisin prune.
* Reine Victoria.

* Sageret.
Saint-Bernard.
* Saint-Fiacre.
* Saint-Jaune Laudes.
Saint-Laurent.
Saint-Pierre de l'Allier.
* Saint-Tron.
Saint-Valentin rose.
San-Antoni.
Sarfeger Szœllo.
Schiras rouge.
* Scupernong blanc.
Souvenir du Congrès.
* Sucré de Marseille.
Sulivan.

* Temprano d'Espagne.
* Terr Gulmer.
Terre promise.
* Tmeron.
Tokay des Jardins.
* Tokay noir.

* Ulliade blanc.
Ulliade noir.
* Ulliade noir précoce.

* Verdal de Vaucluse.
* Versten.
Vert de Madère.
* Vigne de Schiras.

* Zante noir hâtif.
Zowetzoly.

Plus, 138 variétés à l'étude avec la seule description du Bourgeonnement.

ABRICOTIERS

ABRICOTIERS

DONT LA DESCRIPTION N'A PAS ÉTÉ ACHEVÉE *

Abricot a feuilles panachées.

Pousses d'été cannelées, d'un rouge très-pâle vers leur base, d'un rouge clair vers leur sommet, d'un vert jaunâtre du côté de l'ombre. — Feuilles des pousses d'été presque moyennes, ovales-arrondies, cordiformes ou presque cordiformes à leur base, se terminant en une pointe assez longue, assez souvent recourbée, bordées de dents simples ou doubles, émoussées, planes ou légèrement concaves, tombant perpendiculairement à l'extrémité de pétioles courts, grêles, horizontaux, d'un vert blanchâtre, munis de très-petites glandes. — Stipules grandes, profondément laciniées et divisées dans leurs lanières, d'un vert clair. — Feuilles des productions fruitières de même grandeur que celles des pousses d'été, plus élargies, se terminant plus subitement en une pointe plus courte, plus finement dentées, planes ou ondulées, assez bien soutenues par des pétioles courts et grêles. — Caractère saillant de l'arbre : feuilles des deux tiers supérieurs des pousses d'été largement maculées dans leur milieu d'un jaune soufre qui se ramifie sur la surface de la feuille.

Abricot d'Ampuy.

Angoumois d'Ampuy.

Fleurs petites ; pétales arrondis-élargis, se recouvrant entre eux ; divisions du calice extraordinairement courtes, larges et à peine atténuées en une pointe à leur extrémité d'un rouge très-foncé. — Fruit petit, plus ou moins développé suivant qu'il provient d'arbre greffé ou d'arbre de noyau, ovoïde, obtus à ses deux pôles, comprimé sur ses deux faces, partagé en deux parties ordinairement inégales par un sillon très-peu profond. — Point pistillaire très-petit, gris noirâtre, placé dans une très-légère dépression. — Cavité de la queue étroite, ovale et peu profonde. — Peau fine, mince, tendre, veloutée par un très-court duvet, d'abord d'un vert tendre, passant au jaune paille à la maturité, *milieu de Juillet,* et souvent lavée du côté du soleil d'une jolie teinte de rouge carminé. — Chair jaune pâle, fine, tendre, peu suffisante en eau sucrée et assez parfumée. — Noyau assez gros pour la dimension du fruit, brun noirâtre, ovoïde-arrondi, à joues assez convexes ; suture ventrale peu saillante et arrondie ; rainures latérales peu profondes, presque inappréciables ; arête dorsale saillante, mais non tranchante. (*Fig.* 1.)

* Le sol et le climat de Bourg sont peu favorables aux Abricotiers : Alph. Mas n'en avait planté provisoirement qu'un nombre restreint. La plupart des arbres ayant péri, il n'en a pas achevé la description ; nous donnons ses notes dans l'état incomplet où il les a laissées.

Abricot de Beaugé.

Pousses d'été fortes, d'un rouge pâle et terne au soleil, d'un beau vert gai à l'ombre. — Feuilles des pousses d'été amples, largement arrondies, se terminant brusquement en une pointe courte, convexes ou presque planes, bordées de fortes dents, irrégulières, quelquefois incisées ou découpées dans leur contour, tombant à l'extrémité de pétioles assez longs, assez forts, recourbés au-dessous de l'horizontale, munis de plusieurs petites glandes. — Stipules petites, découpées en fines lanières. — Feuilles des productions fruitières moins amples que celles des pousses d'été, bien arrondies, se terminant encore plus brusquement en une pointe très-courte, presque planes, un peu ondulées dans leur contour qui est garni de dents plus fines et un peu plus aiguës, tombant à l'extrémité de pétioles assez courts et presque grêles. — Caractère saillant de l'arbre : végétation luxuriante.

Abricot de Coulange.

Pousses d'été à entre-nœuds très-courts, d'un rouge brun terne. — Feuilles des pousses d'été moyennes, arrondies-élargies, ordinairement partagées en deux parties inégales par une nervure d'un rouge sanguin et se terminant en une pointe peu longue et recourbée, très-repliées sur leur nervure médiane, et dont les bords largement ondulés sont garnis de très-fines dents un peu émoussées, soutenues à peu près horizontalement par des pétioles de moyenne longueur, bien grêles, presque horizontaux, munis de très-petites glandes globuleuses. — Stipules petites, étroites, très-caduques. — Feuilles des productions fruitières plus petites, moins élargies que celles des pousses d'été, à pointe plus courte, à denture encore plus fine, également repliées et ondulées, retombant un peu à l'extrémité de pétioles courts et grêles. — Caractère saillant de l'arbre : toutes les feuilles bien repliées et ondulées. — Fruit moyen, ovoïde, bien obtus à ses deux pôles, peu aplati sur ses deux faces, divisé en deux parties égales par un sillon peu profond et cependant bien prononcé. — Point pistillaire placé dans une petite cavité située exactement au sommet du fruit. — Cavité de la queue large et profonde. — Peau un peu épaisse et cependant tendre, d'abord d'un vert jaunâtre, puis passant à la maturité, *milieu et fin de Juillet*, au jaune verdâtre du côté de l'ombre, et au beau jaune orange du côté du soleil, qui est en outre semé de taches d'un rouge sanguin et de points saillants d'un rouge violacé noirâtre. — Chair d'un beau jaune orange, assez fine, mais peu abondante en eau douce, sucrée, parfumée. — Noyau assez gros, brun, ovoïde-arrondi, à joues demi-sphériques et bien rebondies ; suture ventrale perforée ; rainures latérales très-larges ; arête dorsale un peu saillante, mais sans être tranchante. (*Fig.* 2.)

Abricot de Jouy.

Revue horticole. 1870. Thomas.

Obtenu par M. Gérardin, propriétaire à Jouy-aux-Arches, près de Metz ; mis au commerce et propagé pour la première fois en 1863 par MM. Simon-Louis frères.

Abricot de Saluces.

Revue horticole. 1870. Thomas.

Originaire d'Italie.

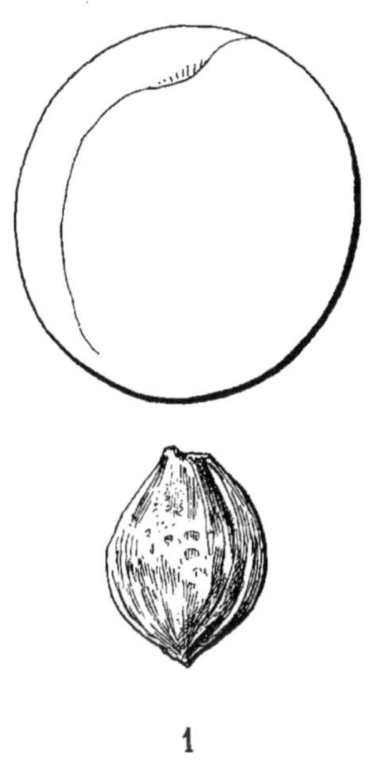

1

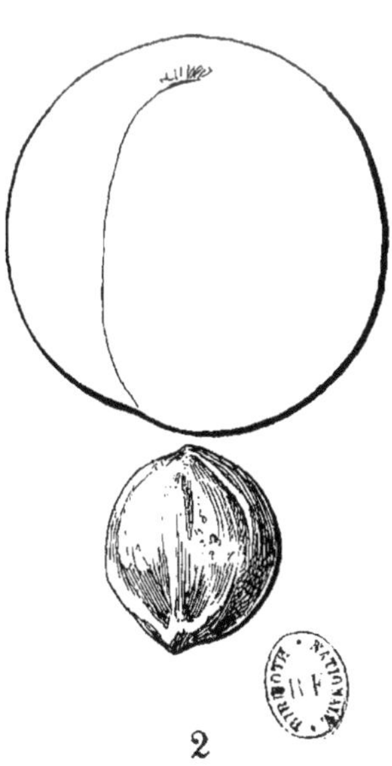

2

I. ABRICOT D'AMPUY. 2. ABRICOT DE COULANGE.

Ad. Lefevre, del. ——————res, Mâcon.

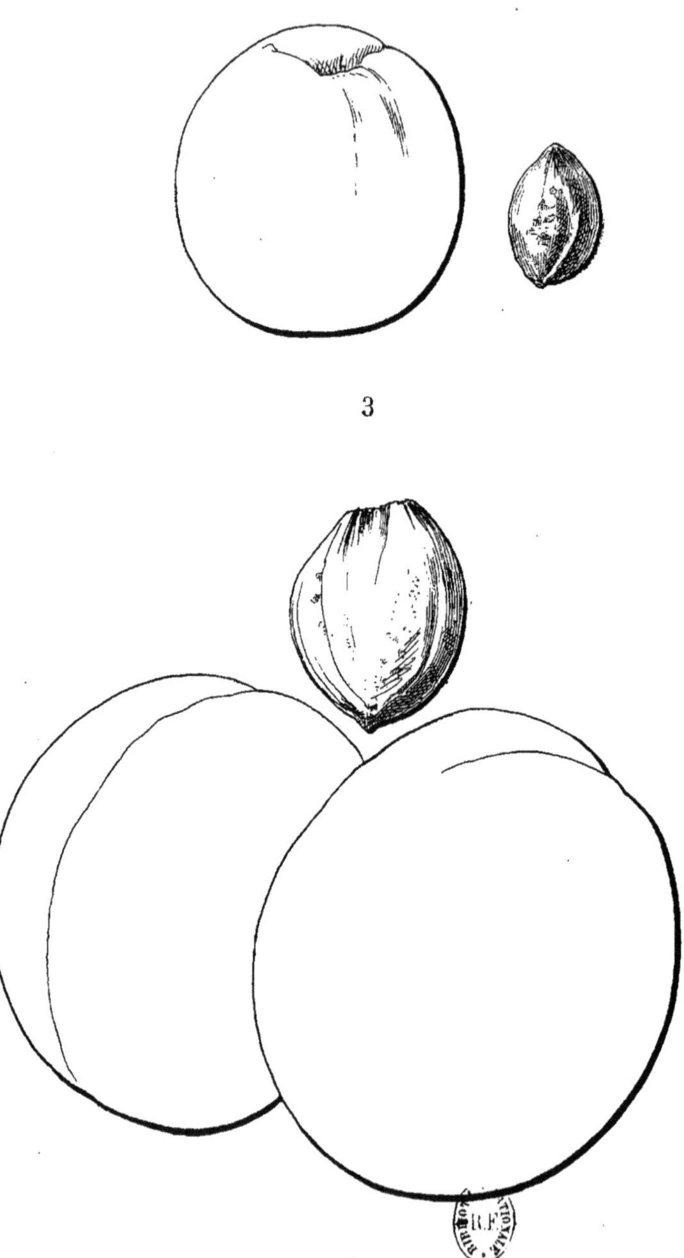

3

4

3. ABRICOT GROS BLANC COMMUN. 4. ABRICOT SOUCHAY.

Ad Lefev

Imp. Protat frères, Mâcon.

Abricot gros blanc commun.

Pousses d'été teintes par places de brun rouge du côté du soleil, d'un vert gai du côté de l'ombre. — Feuilles des pousses d'été presque petites, arrondies-élargies, presque cordiformes à leur base, se terminant pas très-brusquement en une pointe un peu longue, planes ou légèrement repliées sur leur nervure médiane, bordées de dents assez fines, mais profondes et aiguës, pendantes à l'extrémité de pétioles assez courts, bien grêles, horizontaux, munis de très-petites glandes. — Stipules petites, pas très-profondément laciniées. — Feuilles des productions fruitières plus grandes que celles des pousses d'été, bien cordiformes à leur base, se terminant en une pointe plus courte, bordées de dents plus régulières, moins profondes, mais arrondies, planes, tombant à l'extrémité de pétioles assez longs, grêles, flexibles. — Caractère saillant de l'arbre : vert chatoyant de toutes les feuilles. — Fruit presque moyen, ovoïde, peu comprimé sur ses deux faces, fortement tronqué à son sommet qui est comme aplati, se rétrécissant un peu vers sa base, à sillon étroit, peu profond, mais cependant bien marqué. — Point pistillaire un peu saillant, placé dans une légère dépression au sommet du fruit. — Cavité de la queue assez large et profonde, souvent plissée dans ses parois et dans ses bords. — Peau fine, mince, couverte d'un très-court duvet à peine perceptible, d'abord d'un vert décidé, moucheté de quelques taches noirâtres bien saillantes, puis passant à la maturité, *milieu d'Août*, au jaune pâle un peu plus éclairé du côté du soleil, et rarement légèrement taché de rouge. — Chair fine, tendre, d'un jaune pâle, un peu transparente, pas très-abondante en eau, mais hautement sucrée et suffisamment parfumée, constituant un fruit de bonne qualité. — Noyau ovoïde-allongé, plus atténué à son point d'attache au pédoncule, s'élargissant ensuite jusqu'à son extrémité qui est régulièrement arrondie plutôt qu'obtuse, à joues peu convexes ; suture ventrale largement obtuse ; rainures très-larges, à arêtes latérales tranchantes et arête dorsale peu saillante, cependant aussi tranchante. — Amande bien amère. (*Fig.* 3.)

Abricot gros commun.

Pousses d'été cannelées, d'un rouge violacé foncé du côté du soleil, d'un vert brunâtre à l'ombre. — Feuilles des pousses d'été presque petites, arrondies-élargies, souvent un peu cordiformes à leur base, se terminant pas très-brusquement en une pointe longue et contournée, concaves et largement ondulées dans leur contour, bordées de petites dents doubles, peu profondes, le plus souvent bien arrondies, assez mal soutenues par des pétioles bien longs, de moyenne force, presque horizontaux, d'un beau rouge clair et munis de nombreuses petites glandes. — Stipules petites, laciniées entièrement, d'un rouge vif. — Feuilles des productions fruitières plus grandes, plus sensiblement cordiformes à la base que celles des pousses d'été, se terminant en une pointe plus courte, aussi contournée, largement ondulées dans leur contour, bordées de dents fines et aiguës, presque planes, pendantes à l'extrémité de pétioles longs, grêles, un peu flexibles. — Caractère saillant de l'arbre : teinte foncée des pousses d'été ; feuilles de ces pousses épaisses et brillantes.

ABRICOT MONTGAMET.

Pousses d'été fortes, d'un beau rouge sanguin intense au soleil, d'un vert décidé à l'ombre. — Feuilles des pousses d'été assez grandes, épaisses, ovales-arrondies, se terminant brusquement en une pointe peu longue, souvent munies d'oreillette à leur base, bien concaves, légèrement ondulées dans leur contour qui est garni de dents pas très-profondes, doubles et émoussées, tombant perpendiculairement à l'extrémité de pétioles assez longs, forts et cependant mous et très-recourbés en dessous, munis de glandes petites et nombreuses. — Stipules de moyenne grandeur, finement laciniées, d'un rose vif. — Feuilles des productions fruitières moins amples, moins épaisses que celles des pousses d'été, presque planes, tourmentées dans leur surface ou ondulées dans leur contour qui est garni de dents fines et un peu aiguës, tombant à l'extrémité de pétioles courts, grêles, horizontaux. — Caractère saillant de l'arbre : feuilles des pousses d'été tombant à l'extrémité de pétioles forts et que leur poids fait cependant très-sensiblement plier.

ABRICOT MOOR-PARK.

Pousses d'été fortes, droites, d'un rouge sanguin foncé au soleil, d'un vert intense à l'ombre. — Feuilles des pousses d'été amples, ovales bien élargies plutôt qu'arrondies, très-peu atténuées à leur base, et se rétrécissant un peu longuement vers leur autre extrémité, bien repliées sur leur nervure médiane, largement et sensiblement ondulées dans leur contour qui est bordé de dents simples ou doubles, assez fortes et assez aiguës, soutenues horizontalement par des pétioles longs, forts, horizontaux, munis de grosses glandes. — Stipules moyennes, laciniées, d'un rose vif. — Feuilles des productions fruitières de même forme que celles des pousses d'été, moins amples, aussi bien repliées et largement ondulées, bordées de dents plus fines, assez mal soutenues par des pétioles de moyenne longueur et grêles. — Caractère saillant de l'arbre : feuilles toutes bien pliées et ondulées.

ABRICOT SAINT-AMBROISE.

Revue horticole. 1870. Thomas.

Obtenu par MM. Simon-Louis ; premier rapport en 1869.

Fleurs très-grandes ; pétales arrondis, bien concaves, à onglet un peu long, se touchant entre eux ; divisions du calice larges, assez régulièrement atténuées en une pointe courte et peu colorées.

ABRICOT SOUCHAY.

Abricot d'Oullins. — Collongeard.

Je conserve à cette variété le nom d'Abricot Souchay, par ce que j'ai vu le pied-mère existant dans le jardin de M. Etienne Souchay, propriétaire aux Collonges, commune de Saint-Genis-Laval, près Lyon, d'où il s'est répandu dans les localités voisines, à Oullins notamment, où il a pris le nom d'abricot d'Oullins ; à Saint-Genis il portait aussi le nom de Collongeard, du lieu de sa naissance. — L'arbre est très-productif élevé en haute tige. Cette excellente variété est recommandable par sa précocité, sa fertilité et sa rusticité. — Pousses d'été bien coudées aux entre-nœuds, d'un beau rouge acajou du côté du soleil, d'un vert gai à l'ombre. — Feuilles des pousses d'été bien grandes, arrondies, cordiformes à leur base, se terminant en une pointe extrêmement courte et bien aiguë, bordées de petites dents émoussées, à bords ordinairement assez repliés sur la nervure médiane, tombant à l'extrémité de pétioles très-longs, forts, horizontaux, un peu recourbés en dessous, d'un beau rouge et munis de plusieurs grosses glandes, quelquefois jusqu'à six. — Stipules laciniées, à divisions lancéolées, dentées, caduques. — Fleurs petites; pétales arrondis-élargis, presque cordiformes, bien concaves, lavés d'un rose vif en dehors qui disparaît le plus souvent après l'épanouissement ; calice à divisions courtes, ovales, élargies, à pointe très-courte, d'un beau rouge amarante. — Feuilles des productions fruitières moins amples, souvent bien cordiformes à la base, moins arrondies que celles des pousses d'été, se terminant moins brusquement en une pointe un peu plus longue, bordées de dents plus fines, moins pliées et souvent largement ondulées ou contournées par leur pointe, bien tombantes à l'extrémité de pétioles de moyenne longueur, bien grêles, bien flexibles, d'un joli rouge cerise. — Caractère saillant de l'arbre : extrémité des pousses d'été bien rougeâtre. — Fruit assez gros, ovoïde, fortement tronqué à son sommet, un peu plus atténué à sa base, assez aplati sur ses deux faces, divisé en deux parties inégales par un sillon étroit et assez profond. — Point pistillaire inappréciable, placé dans une légère dépression aplatie. — Cavité de la queue profonde et étroite. — Peau fine, bien mince, sensiblement veloutée, d'abord d'un blanc jaunâtre, puis passant à la maturité, *fin de Juin et commencement de Juillet*, au jaune blanchâtre pâle, couvert d'un nuage de rouge pâle du côté du soleil, qui est en outre tantôt ponctué, tantôt pointillé d'un rouge pourpre noirâtre. — Chair d'un jaune assez décidé, fine, tendre, abondante en eau sucrée, parfumée un peu à la manière de l'Abricot-Pêche, abondante en eau surtout lorsque le fruit a été cueilli un peu avant maturité. — Noyau assez gros, de couleur noisette, presque en forme d'ellipse, à joues aplaties, à dos arrondi ; rainures assez prononcées; suture ventrale saillante, munie d'un trou particulier à l'Abricot-Pêche. (*Fig.* 4.)

Abricot Viard.

Pousses d'été d'un rouge sanguin assez foncé du côté du soleil, d'un vert assez intense à l'ombre. — Feuilles des pousses d'été assez grandes, ovales-arrondies, presque cordiformes à leur base, se terminant en une pointe assez longue et bien contournée, peu repliées sur leur nervure médiane, largement ondulées dans leur contour qui est garni de dents pas très-fortes et émoussées, bien soutenues par des pétioles de moyenne longueur, raides, exactement horizontaux, d'un rouge intense, munis de fortes glandes. — Stipules assez grandes, divisées en lanières élargies. — Fleurs moyennes, assez petites; pétales elliptiques-arrondis, concaves, se recouvrant entre eux ; divisions du calice extraordinairement courtes, largement arrondies et brusquement surmontées d'une très-petite pointe à leur extrémité d'un rouge amarante foncé. — Feuilles des productions fruitières moins grandes que celles des pousses d'été, élargies à leur base et se rétrécissant ensuite assez longuement en une pointe souvent contournée, bordées de dents plus fines, mal soutenues par des pétioles de moyenne longueur et grêles. — Caractère saillant de l'arbre : pousses d'été et pétioles d'un beau rouge.

ABRICOTIERS

DONT LA DESCRIPTION N'A PAS ÉTÉ FAITE

A fruit rayé.
Amande douce de Provence.
* Angoumois hâtif.
Angoumois violet.
* A trochets.
* Aubert.

Blenheim.

Canino grosso.
Comice de Toulon.

D'Alsace.
D'Alexandrie.
De Bréda.
De Borell.
* De Glymes.
De Hollande.
De Milan.
De Sardaigne.
De Satirana.
De Shipley's-Early.
De Versailles.
D'Italie.
Du Chili à feuilles laciniées.
Du Népaul.

Early Moor.

* Gros hâtif de M. Cartier.
* Gros rouge hâtif.
Gros Saint-Jean.

Jackius.

Laujoulet.

Madeleine tardif.
* Mille.
Moor.
Mume.

* Orange.
Orange précoce.

Pêche nouveau.
Pêche oblong.
Pêche très-hâtif.
Pourret.
Précoce.
Précoce d'Esperen.

Rouge.
Royal.
Royal de Luxembourg tardif.
Royal Moulin.

Servonain.
Souvenir de la Robertsau.

Tachard.
Triomphe de Bussière.
Triomphe de Pourtalès.
Turkey.

* Albergier à gros fruits.
Albergier de Tours.

TABLE ALPHABÉTIQUE

DU TOME XI

CERISES ET ABRICOTS.

(Les numéros d'ordre des descriptions et des planches sont indiqués à la suite de chaque fruit. — Les synonymes sont en caractères italiques.)

CERISES.

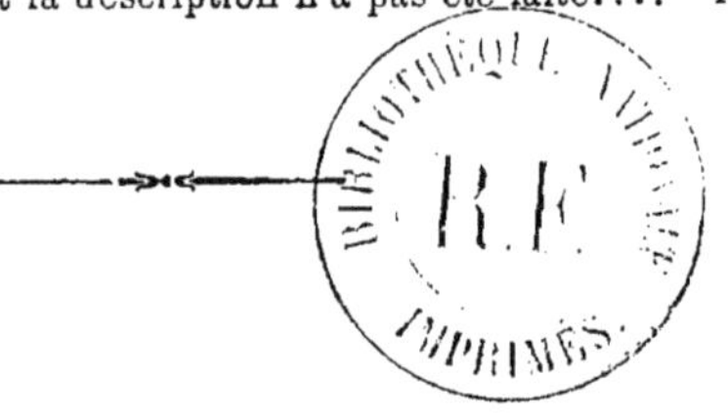

Bourg, imprimerie Authier et Barbier.

www.ingramcontent.com/pod-product-compliance
Ingram Content Group UK Ltd.
Pitfield, Milton Keynes, MK11 3LW, UK
UKHW020210250726
13967UKWH00003B/1391